INTERIOR
DECORATION
DESIGN
HANDBOOK

# 软装设计师手册

理想·宅 编

NEW 修订版

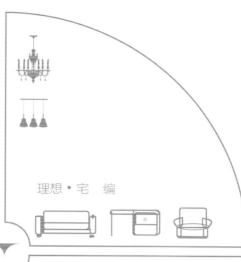

# INTERIOR DECORATION DESIGN HANDBOOK

化学工业出版社
·北京·

编写人员名单：（排名不分先后）

黄 肖　郑丽秀　张鹏志　任雪东　刘雅琪　于 静　张丽玲　徐 武　李木扬子　任晓欢

孙 鑫　李凤霞　闫少宏　张星慧　闫玉玲　张喜文　张喜华　邸 丹　韩苏可　张然睿

吕海涛　马亚培　钟继涛　张一康　孔宪琨　何雪年　周海颖　郭 楠　刘 骏　高 翔

陈文杰　刘 超　张 丽　王 珍　王 楠　李 莉　刘 磊　杨 波　张 鹏　李文峰

张建华　王 莹　张 洁　徐 勇　张 萌　王 彬　赵 丹　何 斌　张 鹏　刘 娜

王 娟　朱 娜　杨婷婷　张 静　张芳芳

**图书在版编目（CIP）数据**

软装设计师手册 ／ 理想·宅编.—修订本. —
北京：化学工业出版社，2017.8（2020.3重印）
　ISBN 978-7-122-30168-0

　Ⅰ.①软… Ⅱ.①理… Ⅲ.①室内装饰设计－手册
Ⅳ.①TU238-62

　　中国版本图书馆CIP数据核字（2017）第165418号

责任编辑：林 俐　孙晓梅　　　　　　　　　　　　　　装帧设计：王晓宇

出版发行：化学工业出版社(北京市东城区青年湖南街13号　邮政编码100011)
印　　装：北京瑞禾彩色印刷有限公司
787mm×1092mm　1/16　印张15.5　字数350千字　2020年3月北京第2版第3次印刷

购书咨询：010-64518888　　　　　　　　　　　　　售后服务：010-64518899
网　　址：http://www.cip.com.cn
凡购买本书，如有缺损质量问题，本社销售中心负责调换。

定　　价：88.00元

室内装饰开始兴起时，人们更多地注重的是建筑界面的装饰，例如在墙面上采用多层次的复杂造型，采用彩色图案喷涂等较为复杂的装饰方式来"凸显"房子进行了装修，表现与众不同和品位。近年来简约风逐渐取代了原有的复杂化装饰，人们的装饰观念也从以前的"重装修、轻装饰"变成了"重装饰、轻装修"。因而发展出了"软装饰设计"这一行业和"软装饰设计师"这一职业。用可替换的软装饰来丰富室内空间、塑造理想的氛围。

软装饰，通俗一些说，是指装修完毕之后，利用那些易更换、易变动位置的饰物与家具，如窗帘、沙发套、靠垫、工艺台布及装饰工艺品、装饰铁艺等，对室内进行再次地装饰和布置，使空间变得丰富起来，更方便人们的使用。室内空间各个界面的装饰共同构建的是一个基本的框架，框架之中的内容则完全要依靠软装饰来表现。可以说，一个室内环境的氛围和风格大部分是依靠软装饰来主导的，如果没有恰当的软装，空间的装饰效果会大打折扣，这也是人们为何越来越重视软装设计的原因。

软装可以根据居室室内空间的大小、形状、业主的习惯、兴趣爱好和经济情况，从整体上综合策划装饰装修设计方案，体现出业主的个性品位，不会千篇一律。如果室内装修显得太陈旧或过时，需要改变时。

本书以图文结合的形式来具体的进行不同风格室内软装饰的搭配设计，为读者建立初步的软装印象。

# 目 录
# CONTENTS

## Chapter 1 软装设计概述

Chapter 2

# 家居空间的软装设计

# 目 录
CONTENTS

**Chapter 3** 公共空间的软装设计

Chapter **1**

# 软装设计概述

人们的装饰观念从以前的"重装修、轻装饰"

**变成了"重装饰、轻装修"，**

但软装设计并不是杂乱的堆砌，

**需要有一定的美学基础和专业知识来进行指导，**

**本章以专业的角度**

**深度剖析软装那些事**

# 软装的概念和作用

## 软装的含义

"软装"是相对于建筑本身的硬结构空间提出来的，是建筑视觉空间的延伸和发展。随着生活水平的提高，现代人的审美意识与审美能力也在逐步提高，对精神丰富与环境质量提出了更高要求，愈发注重居室装饰的个性化、风格化、休闲化与朴素化，居室装饰开始由消费型向节约型转变，"软装"在此基础上应运而生。

### 什么叫作软装设计

在室内设计中，室内建筑设计可以称为"硬装设计"，而室内陈设艺术设计则被称为"软装设计"。"硬装"是建筑本身延续到室内的一种空间结构的规划设计，可以简单理解为一切室内不能移动的装饰工程；而"软装"可以理解为一切室内陈设的可以移动的装饰物品，包括家具、灯具、布艺织物、工艺品、装饰画等。"软装"一词其实是近几年来行业内约定俗成的一种说法。

其实，"软装"也可以叫作家居陈设，在某个空间内将家具陈设、家居配饰、家居软装等元素通过设计手法将所要表达的空间意境呈现在整个空间内，使得整个空间满足人们的物质追求和精神追求。

软装家具

软装灯具

软装布艺织物

空间硬装简洁清爽，后期以高明度的软装搭配，令整体更具活力

## 软装的起源

软装艺术发源于现代欧洲，兴起于 20 世纪 20 年代，经过 10 年的发展，于 20 世纪 30 年代形成了较完整的体系。由于各种原因，软装艺术在第二次世界大战时期不再流行，但 20 世纪 60 年代后期开始复兴。软装设计作为一种非物质化设计将会是未来室内设计的一个发展方向，是提升室内空间的质量和内涵的重要方式。

## 软装的基本分类

从功用方面，可以把软装分为功能性软装和修饰性软装两大类。功能性软装指的是家庭中必不可少的软装，要满足日常生活的需求的物品，如家具、布艺、灯具、餐具等。修饰性软装是指可以烘托环境气氛，强化室内空间特点的工艺品，如装饰画、工艺摆件、插花等。

工艺品类装饰性软装

插花、灯具类装饰性软装

家具、布艺类功能性软装

# 软装设计的作用

传统的硬装潮流已经退却，随之而来的是软装设计所引领的生活方式成为了现代家庭的重中之重。软装应用于室内设计中，不仅可以给居住者视觉上的美好享受，也可以让人感觉到温馨、舒适，具有独特的魅力。

## 表现居室风格

室内环境的风格按照不同的构成元素和文化底蕴，主要分为现代风格、中式风格、欧式风格、乡村风格、新古典风格等。室内空间的整体风格除了靠前期的硬装来塑造之外，后期的软装布置也非常重要，因为软装配饰素材本身的造型、色彩、图案、质感均具有一定的风格特征，对室内环境风格可以起到更好的表现作用。

## 营造居室氛围

软装设计在室内环境中具有较强的视觉感知度，因此对于渲染空间环境的气氛具有巨大的作用。不同的软装设计可以造就不同的室内环境氛围，例如欢快热烈的喜庆气氛、深沉凝重的庄严气氛、高雅清新的文化艺术气氛等，给人留下不同的印象。

欧式的软装风格

清新高雅的艺术氛围

## 组建居室色彩

在家居环境中，软装饰品占据的面积比较大。在很多空间里面，家具占的面积超过了40%，其他如窗帘、床罩、装饰画等饰品的颜色，对整个房间的色调形成起到很大的作用。

蓝色、米色系的软装色调

## 省钱省力地改变装饰效果

许多家庭在装修的时候总是大动干戈，不是砸墙改造，就是墙面做各种复杂造型，既费力，又容易造成安全隐患。而且随着时间的推移，装饰将贬值、落伍、淘汰，守着几十年的装修不改，只能降低自己的居住质量和生活品质。如果能在家居设计中使用一些软装配饰，不仅能够花小钱做出大效果，还能减少日后翻新时造成的损失。

## 随心所欲地改变居室风格

软装的另一个作用是能够让居家环境随时跟上潮流，随心所欲地改变居家风格，随时拥有一个全新风格的家。比如，可以根据心情和四季的变化，随时调整家居布艺：夏天的时候，给家里换上轻盈飘逸的冷色调窗帘，棉麻材质的沙发垫等，家里立刻显得清爽起来；冬天的时候，给家换上暖色的家居布艺，随意放几个颜色鲜艳的靠垫或者铺一块皮草，冬日的温暖气息席卷而来。

自然色调的棉麻布艺为卧室带来春日温馨

# 软装设计的原则

家居软装可以加强室内效果，往往起到画龙点睛的作用，提高生活环境的性格品位和艺术品位。软装不单单体现的是配饰本身的价值，还可以陶冶情操，怡情遣兴。但在软装设计中要遵循必要的设计原则，才不至于喧宾夺主。

## 先定风格再做软装

在软装设计中，最重要的概念就是先确定家居的整体风格，然后再用饰品做点缀。因为风格是大的方向，就如同写作的提纲，而软装是一种手法，有人喜欢隐喻，有人喜欢夸张，虽然不同，却各有千秋。

左图：欧式风格的软装定调；
右图：北欧风格的软装定调

## 先有规划再做软装

很多人以为，完成了前期的基础装修之后再考虑后期的配饰也不迟，其实不然。软装搭配需要尽早规划，在新房装修之初，就要先将自己的习惯、好恶、收藏等全部列出，并与设计师进行沟通，使其在考虑空间功能定位和使用习惯的同时满足个人风格需求。

素雅欧式的软装定位　　　　　　　　现代简约的软装定位

## 搭配合理的软装比例

软装搭配中最经典的比例分配莫过于黄金分割了，如果没有特别的设计考虑，不妨就用 1：0.618 的完美比例来划分居室空间。例如，不要将小件的工艺品放在正中央，偏左或者偏右放置会使视觉效果活跃很多。但若整个软装布置采用的是同一种比例，也要有所变化才好，不然就会显得过于刻板。

## 运用对比与调和方法

对比法可以通过光线的明暗对比、色彩的冷暖对比、材料的质地对比、传统与现代的对比等使家居风格产生更多的层次、更多样式的变化，从而演绎出各种不同节奏的生活方式。调和法则是将对比双方进行缓冲与融合的一种有效手段，例如暖色调的运用和柔和布艺的搭配。

## 确定视觉中心点

在居室装饰中，人的视觉范围一定要有一个中心点，这样才能形成主次分明的层次美感，这个视觉中心就是布置上的重点，可打破全局的单调感。视觉中心有一个就够了。如果客厅里选择了一盏装饰性很强的吊灯，那么就不要再增添太多的视觉中心了，否则容易犯喧宾夺主的错误。

## 遵循多样统一的原则

软装布置应遵循多样与统一的原则，根据大小、色彩、位置使之与家具构成一个整体。家具要有统一的风格和格调，再通过饰品、摆件等细节的点缀，进一步提升居住环境的品位。例如，可以将淡黄色系作为卧室的主色调，但在床头背景墙上悬挂一副绿色的装饰画作为整体色调中的变化。

高低错落的工艺品摆件　　　　　形态各异的工艺品

在素雅的空间中，红色的工艺品成为视觉中心点

在白色衬托下，蓝色沙发更为夺目

# 软装设计流程

好的设计师对于家的设计是整体的，它牵扯到整个后期配饰和情景布置，所以软装设计工作应该在硬装设计之前就介入，或者与硬装设计同时进行，但是目前国内的软装设计流程基本还是硬装设计确定后，再由软装公司设计软装方案，甚至是在硬装施工完成后再由软装公司介入。

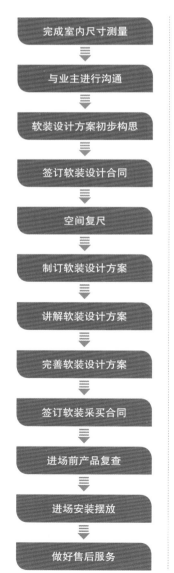

完成室内尺寸测量

与业主进行沟通

软装设计方案初步构思

签订软装设计合同

空间复尺

制订软装设计方案

讲解软装设计方案

完善软装设计方案

签订软装采买合同

进场前产品复查

进场安装摆放

做好售后服务

## 1. 完成室内尺寸测量

上门观察房子，了解硬装基础，测量各个空间的尺寸大小，并给屋里的各个角落拍照，收集硬装节点，绘出室内基本的平面图和立面图。

## 2. 与业主进行沟通

通过家庭成员、空间动线、日常习惯、收藏爱好、宗教禁忌等各个方面与业主进行沟通，捕捉业主深层的需求特点，详细观察并了解硬装现场的色彩关系及色调，控制软装设计方案的整体色彩。

## 3. 软装设计方案初步构思

综合以上环节进行平面布置图的初步布局，把拍照后的素材进行归纳分析，初步选择软装配饰，然后根据软装设计方案的风格、色彩、质感和灯光等，选择适合的家具、灯饰、饰品、花艺、挂画等。

## 4. 签订软装设计合同

与业主签订软装设计合同，尤其是定制家具部分，确定好价格和时间。确保厂家制作、发货的时间和到货的时间，以免影响室内软装的进场时间。

## 5. 空间复尺

在软装设计方案初步成型后，软装设计师带着基本的构思框架到现场，对室内环境和软装设计方案初稿反复考量，感受现场的合理性，对细部进行纠正，并再次核实饰品尺寸。

## 6. 制订软装设计方案

在软装设计方案得到业主的初步认可的基础上，通过对配饰的调整，明确在本方案中各项软装配饰的价格及组合效果，按照配饰设计流程进行方案制作，制订正式的软装整体配饰设计方案。

## 7. 讲解软装设计方案

为业主系统全面地介绍正式的软装设计方案，并在介绍过程中不断听取业主的反馈意见，并征求其他家庭成员的意见，以便下一步对方案进行归纳和修改。

## 8. 完善软装设计方案

在向业主讲解完方案后，深入分析业主对方案的理解，让业主了解软装方案的设计意图；同时，软装设计师也应针对业主反馈的意见对方案进行调整，包括色彩组合、风格定位等软装整体配饰里一系列元素的调整以及价格调整。

## 9. 签订软装采买合同

与业主签订采买合同之前，需要先与软装配饰厂商核定价格及存货，再与业主确定配饰。

## 10. 进场前产品复查

软装设计师要在家具未上漆之前亲自到工厂验货，对材质、工艺进行初步验收和把关，在家具即将出厂或送到现场时，设计师要再次对现场空间进行复尺，确保家具和布艺的尺寸与现场相符合。

## 11. 进场安装摆放

配饰产品到场时，软装设计师应亲自参与摆放，对于软装整体配饰的组合摆放要充分考虑到各个元素之间的关系以及业主的生活习惯。

## 12. 做好售后服务

软装配置完成后，应对业主室内的软装整体配饰进行保洁，并定期回访，如部分软装家具出现问题，应及时送修。

# 2 Section

## 软装设计元素

## 家具——空间中的陈设主体

家具是指在生活、工作或社会实践中供人们坐、卧或支撑与贮存物品的器具。家具是生活中的必备品，它既是物质产品，又是艺术创作。家具与人们的生活产生联系，便寄托了人们的情感，因此在室内装饰设计中，家具的运用除了满足基本的生活需要外，还用来表现空间的整体风格，表现出居住者的文化素养和生活品位。

### 家具应坚持宁少勿多的原则

家具，如果书柜、衣橱、酒柜等的设计是在室内空间的墙、地、吊顶确定后或在界面的装修过程中完成的。也可以选购成品家具布置在室内。家具是整个室内空间环境功能的主要构成要素和体现者。家具的重要作用还体现在其所占空间的面积，据调查，一般使用的房间，家具占总面积的35%~40%，在小户型的家庭住宅中，家具的占房面积可达到55%~60%。

*小型的沙发与座椅令空间不显拥挤*

*开敞式的空间，一般家具选择同色系，会令空间更显统一大气*

挑空的客厅可以选择复杂的欧式沙发来营造豪华气氛　　　　简易的书桌椅组建出读书空间

## 家具的实用功能

### 分隔空间的作用

选择或设计室内家具时要根据室内空间的大小决定家具的体量大小，可参考室内净高、门窗、窗台线、墙裙等。如果在大空间选择小体量家具，会显得空荡且小气；而在小空间中布局大体量家具，则显得拥挤和阻塞。

### 组织空间的作用

一个过大的空间往往可以利用家具划分成许多不同功能的活动区域，并通过家具的安排去组织人的活动路线，使人们根据家具安排的不同去选择个人活动和休息的场所。

### 填补空间的作用

在空旷房间的角落里放置一些如花几、条案等小型家具，以求得空间的平衡，既填补了空旷的角落，又美化了空间。

直线条的床头柜消除了空间的空旷感

## 家具功能速查

### 坐卧家具

坐卧家具也叫支撑类家具，是最早产生的一种家具。此类家具能够满足人们日常的坐卧需求，包括凳类、椅类、沙发类、床类等

### 贮藏家具

用来陈放衣物、被子、书籍、食品、器皿、用具或展示装饰品等的家具。包括衣柜、五斗柜、床头柜、书柜、文件柜、电视柜、装饰柜等

### 凭倚家具

供人们凭倚、伏案工作，兼具收纳功能的家具。包括两类：台桌类，如写字台、餐桌等；几架类，如茶几、条几、花架、炕几等

### 多功能家具

具备传统家具初始功能的基础上，实现其他新设功能的现代家具产品，例如旋转餐桌、折叠沙发椅等。这种家具非常适合小户型使用

### 陈列家具

陈列家具的作用是展示居住者收集的一些工艺品、收藏品或书籍，包括博古架、书架、展示架等。很适合有收藏爱好的居住者

### 装饰性家具

具有很强的装饰性的家具，表面通常带有贴面、涂饰、烙花、镶嵌、雕刻、描金等装饰性元素。可以作为一种艺术品装点家居环境

# 家具材质**速查**

### 实木家具

直接采集天然木质加工制成，易于加工、造型和雕刻。具有独特的纹理和温润的质感，是其他材料无法代替的

### 皮质家具

皮制家具质地柔软、透气、保暖性能佳，能够给予人最舒适的感受，分为仿皮、环保皮、超纤皮、真皮等几种类型，其中真皮质感最佳

### 板式家具

绝大部分的板式家具采用仿木纹，具有一些实木的外观，但价格比实木低，好保养，是主流的木家具

### 软体家具

以木质材料、金属等为框架，表面以皮、布、化纤面料包覆制成的家具，其特点是以软体材料为主，表面柔软

### 编织家具

此类家具轻便、舒适，色彩雅致，有一种纯朴自然的美感。但此类家具不如金属制、木制家具那么结实，需要注意保养

### 布艺家具

布艺家具有优雅的造型、多变的图案和柔和的质感，且可清洗可更换布套，清洁维护和居家装饰都十分方便

# 灯具——最具魅力的情调大师

灯具在家居空间中不仅具有装饰作用，同时兼具照明的实用功能。灯具应讲究光、造型、色质、结构等的总体形态效应，是构成家居空间效果的基础。造型各异的灯具，可以令家居环境呈现出不同的容貌，创造出与众不同的家居环境；而灯具散射出的灯光既可以创造气氛，又可以加强空间感和立体感，可谓居室内最具有魅力的情调大师。

## 灯具可调节家居氛围

不同材质的灯具具有不同的色彩温度，低色温给人温暖、含蓄、柔和的感觉，高色温给人清凉奔放的气息。不同色温的灯光能够调节居室的氛围，营造不同的感受。例如：餐厅中采用显色性好的暖色吊灯，能够更真实地反映出食物的色泽，引起食欲；卧室中的灯光宜采用中性的、令人放松的色温，加上暖调辅助，能够营造出柔和、温暖的氛围；厨卫应以功能性为主，灯具的显色性要好一些。

客厅使用中性灯光营造出个性的都市气息

## 灯光可调节重量感

光与影在视觉上给人不同的重量感，明亮的光线给人扩张及轻盈感，而昏暗的光影则给人收缩和重量感。在家居设计中，若喜好现代简约风格，家居空间中宜采用明亮的光，从而诠释休闲自由、轻便的生活理念；如果追求豪华、带有文化底蕴的复古风格，可运用强烈的光影对比，加强空间的层次感；假如运用低色温灯光，对室内局部的重点照明，可以将空间渲染出一种厚实、稳重的氛围。

地中海型吊扇灯给人轻盈感

欧式豪华水晶灯令客厅更有凝聚感

## 灯光可调节距离感

如果等距离地看两种颜色，一般而言，暖色比冷色更富有前进的特性。两色之间，亮度偏高、饱和度偏高的呈前进性，因此不同色温的灯光能够对环境的距离感产生影响。例如，想要墙面在视觉上看起来近一些，可以采用暖色温的灯光，反之，可采用冷色温的灯光；同样的，相同的物体如果用亮度高的灯光照射则具有拉近感，反之则感觉距离远。在居室环境设计中，要考虑到灯光的色温对物体本身的色彩以及距离感的影响，还要根据主人对家居风格的追求和生活的品位来决定灯光对物体距离感的影响。

暖色灯光拉近空间距离

## 灯具的种类

灯具按照用途分类，可以分为吊灯、吸顶灯、落地灯、壁灯、台灯、射灯、筒灯以及工艺蜡烛等。灯具的造型有仿古、创新和实用三类。吊灯、壁灯、吸顶灯等都是依照 18 世纪宫廷灯具发展而来的，适合于空间较大的社交场合。造型别致的现代灯具，如各种射灯、牛眼灯属于创新灯具。平时的台灯、落地灯等都属于传统的常用灯具。这三类灯的造型在总体挑选时应尽量追求系列化。选择灯具时，若注重实用性，可以挑选黑色、深红色等深色系镶边的吸顶或落地灯；若注重装饰性又追求现代化风格，则可选择风格活泼的灯饰。

造型钨丝吊灯打破空间沉寂

| 名称 | 特点 | 适用场合和安装 | 例图 |
|------|------|------|------|
| 吊灯 | 常用的有欧式烛台吊灯、中式吊灯、水晶吊灯、羊皮纸吊灯、时尚吊灯、锥形罩花灯、尖扁罩花灯、束腰罩花灯、五叉圆球吊灯、玉兰罩花灯、橄榄吊灯等。用于居室的分单头吊灯和多头吊灯两种 | 吊灯多用于卧室、餐厅和客厅。吊灯的安装高度，其最低点应离地面不小于2.2米 | |
| 吸顶灯 | 常用的有方罩吸顶灯、圆球吸顶灯、尖扁圆球吸顶灯、半圆球吸顶灯、半扁球吸顶灯、小长方罩吸顶灯等。其安装简易，款式简洁，具有清朗明快的感觉 | 吸顶灯适合于客厅、卧室、厨房、卫生间等处的照明 | |
| 落地灯 | 落地灯常用作局部照明，不讲究全面性，而强调移动的便利性，对于角落气氛的营造十分实用。落地灯的采光方式若是直接向下投射，适合阅读等需要精神集中的活动；若是间接照明，可以调整整体照明的光线变化 | 落地灯一般放在沙发拐角处。落地灯的灯光柔和，灯罩材质种类丰富，可根据喜好选择。落地灯的灯罩下边缘应离地面1.8米以上 | |
| 壁灯 | 常用的有双头玉兰壁灯、双头橄榄壁灯、双头鼓形壁灯、双头花边杯壁灯、玉柱壁灯、镜前壁灯等 | 壁灯适用于卧室、卫生间照明。壁灯的安装高度，其灯泡应离地面不小于1.8米 | |

| 名称 | 特点 | 适用场合和安装 | 例图 |
|------|------|----------------|------|
| 台灯 | 台灯属于生活电器，按材质分为陶灯、木灯、铁艺灯、铜灯等，按功能分为护眼台灯、装饰台灯、工作台灯等，按光源分为灯泡、插拔灯管、灯珠台灯等。台灯光线集中，便于工作和学习 | 一般客厅、卧室等用装饰台灯，工作台、学习台用节能护眼台灯 | |
| 射灯 | 光线直接照射在需要强调的家什器物上，以突出主观审美作用，达到重点突出、层次丰富、气氛浓郁、缤纷多彩的艺术效果。射灯光线柔和，雍容华贵，既可对整体照明起主导作用，又可局部采光，烘托气氛 | 射灯可安置在吊顶四周或家具上部，也可置于墙内、墙裙或踢脚线里 | |
| 筒灯 | 嵌装于天花板内部的隐置性灯具，所有光线都向下投射，属于直接配光。可以用不同的反射器、镜片来取得不同的光线效果。装设多盏筒灯，可增加空间的柔和气氛 | 一般装设在卧室、客厅、卫生间的周边天棚上 | |
| 工艺蜡烛 | 工艺蜡烛搭配精美的烛台，能够烘托出浪漫的氛围。蜡烛的形状多样，搭配比较讲究。烛台是点睛之笔，按材质可分为玻璃烛台、铝制烛台、陶瓷烛台、不锈钢烛台、铁艺烛台、铜制烛台、锡制烛台和木制烛台 | 多用在餐厅、卫浴间或厨房，以烘托气氛 | |

# 布艺织物——居室万种风情的好帮手

布艺织物是室内装饰中常用的物品，能够柔化室内空间生硬的线条，赋予居室新的感觉和色彩，同时还能降低室内的噪声，减少回声，使人感到安静、舒心。其分类方式有很多，如按使用功能、空间、设计特色、加工工艺等。室内常用的布艺包括窗帘、床上用品、地毯等。

## 布艺织物的搭配要分层次

室内纺织品因各自的功能特点，在客观上存在着主次的关系。通常占主导地位的是窗帘、床罩、沙发布，第二层次是地毯、墙布，第三层次是桌布、靠垫、壁挂等。第一层次的纺织品类是最重要的，它们决定了室内纺织品配套总的装饰格调；第二和第三层次的纺织品从属于第一层，在室内环境中起呼应、点缀和衬托的作用。正确处理好它们之间的关系，是使室内软装饰主次分明、宾主呼应的重要手段。

欢快喜庆的室内氛围

## 家居空间常用布艺织物

| 家居空间 | 常用布艺织物 |
| --- | --- |
| 客厅 | 布艺沙发、沙发套、沙发扶手巾、沙发靠背巾、抱枕、茶几垫、座椅垫、座椅套、电视套、地毯、布艺窗帘、挂毯等 |
| 餐厅 | 桌布、餐垫、餐巾、杯垫、餐椅套、餐椅坐垫、桌椅脚套、餐巾纸盒套、咖啡帘等 |
| 卧室 | 床上用品、帷幔、帐幔、地毯、布艺窗帘、挂毯等 |
| 厨房 | 隔热垫、隔热手柄套、微波炉套、饭煲套、冰箱套、厨用窗帘、茶巾等 |
| 卫浴 | 卫生（马桶）坐垫、卫生（马桶）盖套、卫生（马桶）地垫、卫生卷纸套等 |

## 布艺织物**功能速查**

| 窗帘 | 床上用品 | 家具套 |
|---|---|---|

窗帘具有保护隐私，调节光线和室内保温的功能，另外厚重、绒类布料的窗帘还可以吸收噪声，在一定程度上起到遮尘防噪的效果

床上用品是卧室中非常重要的软装元素。根据季节更换不同颜色和花纹的床上用品，可以很快地改变居室的整体氛围

家具套多用在布艺家具上，特别是布艺沙发，主要作用是保护家具并增加装饰性。材料多为棉、麻，色彩款式多样，适合各种风格的家具

| 壁挂 | 枕、垫类 | 地毯 |
|---|---|---|

壁挂是挂在墙壁上的一种装饰性织物。它以各种纤维为原料，采用传统的手工编织、刺绣、染色技术，来表达具有内涵的装饰性内容，是一种具有艺术性的软装饰

靠枕、枕头和床垫是卧室中必不可少的软装饰，此类软装饰使用方便、灵活，可随时更换图案。特别是靠枕，可用在床上、沙发或者直接用来作为坐垫使用

最初地毯用来铺地御寒，随着工艺的发展，逐渐成为高级装饰品，能够隔热、防潮，具有较高的舒适感，同时兼具美观的观赏效果

## 床上用品**材质速查**

| 棉 | 涤棉 | 亚麻 |
|---|---|---|

具有吸湿、保湿、耐热、耐碱、卫生等特点，但容易起皱、易缩水、易变形。可分为平纹和斜纹两种织法

属于混纺纤维，是用部分天然纤维和化学纤维混纺而成的，色牢度好、色彩鲜艳、保形效果好，比较耐用。缺点是易起球、起静电、亲和力较差

亚麻类床上用品具有独特的卫生、护肤、抗菌、保健功能，并能够改善睡眠质量。它纤维强度高，有良好的着色性能，具有生动的凹凸纹理

| 真丝 | 腈纶 | 竹纤维 |
| --- | --- | --- |

真丝的吸湿性、透气性好，静电性小。蚕丝中含有 20 多种人体需要的氨基酸，可以使皮肤变得光滑润泽

腈纶外表颜色鲜艳明亮，具有"人造羊毛"之称。质感、保暖性和强度都比羊毛要高，同时具有很好的复原性能

竹纤维享有"会呼吸的生态纤维"的美称，具有超强的抗菌性，且吸水、透气、耐磨性都非常好，还能防螨虫、防臭、抗紫外线

## 枕芯材料速查

| 乳胶 | 慢回弹 | 决明子 |
| --- | --- | --- |

 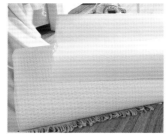 

乳胶枕弹性好，不易变形、支撑力强。对于骨骼正在发育的儿童来说，可以改变头形，而且不会有引发呼吸道过敏的灰尘、纤维等过敏原

慢回弹也叫记忆棉，能够吸收冲击力，枕在上面皮肤感觉没有压迫。还可以抑制霉菌生长，驱除霉菌繁殖生长产生的刺激气味，吸湿性能绝佳

决明子天然理疗用途较多，应用于降压、通便、减肥等领域。另外，决明子特有凉爽特性，夏天使用特别舒适

| 寒水石 | 荞麦 | 羽绒 |
| --- | --- | --- |

寒水石枕头是以寒水石为填充物做枕芯的枕头，寒水石性寒，吸湿热，有助眠功效，是集磁疗、理疗和药疗为一体的养生枕头

荞麦具有坚韧不易碎的菱形结构，而荞麦皮枕可以随着头部左右移动而改变形状。清洁的方法是定期放在太阳下照射

羽绒枕蓬松度较佳，可提供给头部较好的支撑，也不会因使用久了而变形。而且羽绒有质轻、透气、不闷热的优点

## 地毯材料速查

| 羊毛地毯 | 混纺地毯 | 化纤地毯 |
|---|---|---|

 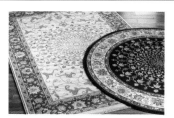 

羊毛地毯以羊毛为主要原料，毛质细密，具有天然的弹性，受压后能很快恢复原状；抗静电性能好，不易吸尘土，具有天然的阻燃性

混纺地毯掺有合成纤维，价格较低。花色、质感和手感上与羊毛地毯差别不大，但克服了羊毛地毯不耐虫蛀的缺点，同时具有更高的耐磨性

化纤地毯也叫合成纤维地毯，它是用簇绒法或机织法将合成纤维织成面层，再与麻布底层缝合而成。化纤地毯耐磨性好，并且富有弹性，价格较低

| 塑料地毯 | 草织地毯 | 簇绒地毯 |
|---|---|---|

塑料地毯采用聚氯乙烯树脂、增塑剂等混炼、塑制而成。质地柔软，色彩鲜艳，舒适耐用，不易燃烧且可自熄，不怕湿，经常用于浴室，起防滑作用

草织地毯主要由草、麻、玉米皮等材料加工漂白后纺织而成。乡土气息浓厚，适合夏季铺设。但易脏、不易保养，经常下雨的潮湿地区不宜使用

最初因其外观如同草坪，所以又称草皮织物。在机制地毯中，簇绒地毯有类似手工栽绒地毯的效果，弹性和牢度较好。簇绒地毯还可以应用印花、提花工艺，应用广泛

## 窗帘类别速查

### 垂直帘

　　垂直帘与百叶帘类似，不过叶片是垂直地悬挂在吊轨上的，可以左右自由调光达到遮阳的目的。根据材料的不同可以分为 PVC 垂直帘、普通面料垂直帘和铝合金垂直帘。

## 平开帘

平开帘指沿着窗户和轨道的轨迹做平行移动的窗帘，主要包括欧式豪华型、罗马杆式及简约式等。其中，欧式豪华型以色彩浓郁的大花为主，看上去华贵富丽；简约式以素色、条格形或色彩比较淡雅的花草为素材。

## 卷帘

卷帘指随着卷管的卷动而做上下移动的窗帘。材质一般选用压成各种纹路或印成各种图案的无纺布。卷帘亮而不透，表面挺括，周边没有花哨的装饰，且使用方便、便于清洗。比较适合安装在书房、卫浴间等面积小的房间。

# 罗马帘

罗马帘指在绳索的牵引下做上下移动的窗帘。比较适合安装在豪华风格的居室中,特别适合有大面积玻璃的观景窗。罗马帘的装饰效果华丽、漂亮。款式有普通拉绳式、横杆式、扇形、波浪形等几种形式。

# 百叶帘

百叶帘指可以做 180 度调节并做上下垂直或左右平移的硬质窗帘。百叶帘遮光效果好,透气性强,可以直接水洗,易清洁。适用性比较广,可用于书房、卫生间、厨房及一些公共场所。

# 餐具——享用美食的媒介

餐具是餐厅中重要的软装部分。精美的餐具能够让人感到赏心悦目，增进食欲。讲究的餐具搭配更能够从细节上体现居住者的高雅品位。或素雅、或高贵、或简洁、或繁复的不同颜色及图案的餐具搭配，能够体现出不同的饮食意境。餐具可分为中餐餐具和西餐餐具。

## 西餐餐具

西餐餐具可以分为瓷器、玻璃器皿和金属类餐具三大部分，它们是生活的必需品，是体现精致生活的细微之处。

### 瓷器

瓷器是以黏土等无机非金属矿物为原料烧制而成的。它包括由黏土或含有黏土的混合物经混炼、成形、煅烧而制成的各种制品。瓷器餐具造型多样、细腻光滑、色彩明丽且便于清洗。瓷器餐具主要包括汤盘、各种碟、茶杯、咖啡壶、茶壶等。

整套餐具中包含了五种尺寸的碟子：分别是 15 厘米的沙拉碟，18 厘米的碟子、21 厘米的甜品碟、23 厘米的碟子和 26 厘米的晚餐碟。碟子的形状通常有圆形、方形、椭圆形、八角形等。

瓷器的图案大致可分为传统、经典和现代三种。传统图案经过历史的传承，具有很强的装饰性和古典感；经典图案较为简洁，不易过时，不会跟室内的布置产生不协调感；现代图案则更具潮流感和时尚感，具有时代性。可根据个人喜好和室内风格选择整套的餐具。

现代图案

传统图案

经典图案

| 名　称 | 代表图片 | 名　称 | 代表图片 |
|---|---|---|---|
| 汤　盘 | | 椭圆碟 | |
| 甜品碟 | | 碗 | |
| 空心圆碟 | | 酱料杯 | |
| 沙拉碟 | | 奶　罐 | |
| 汤碗、碟 | | 糖　罐 | |
| 面包盘 | | 咖啡杯、碟 | |
| 菜盘 | | 水　壶 | |

## 玻璃器皿

西餐餐具中常用的玻璃器皿包括各种酒杯、醒酒器、冰桶、糖罐、奶罐、沙拉碗等，最好与瓷器的款式和风格搭配购买。

| 名　称 | 代表图片 | 名　称 | 代表图片 |
|--------|----------|--------|----------|
| 红酒杯 | | 高球杯 | |
| 白葡萄酒杯 | | 果汁杯 | |
| 白酒杯 | | 水杯 | |
| 香槟杯 | | 沙拉碗 | |
| 鸡尾酒杯 | | 水壶 | |
| 冰桶 | | 醒酒器 | |

**金属类餐具**

常见的金属类餐具包括刀、叉、匙等。材质多为不锈钢，也有银质的高档餐具。刀、叉又分为肉类用、鱼类用、前菜用、甜点用。而汤匙除了前菜用、汤用、咖啡用、茶用之外，还有调味料用汤匙。调味料用汤匙即添调味料时所使用的汤匙，多用于甜点或是鱼类料理。

正式西式料理的套餐中，常依不同料理的特点而配合使用各种不同形状的刀叉，并不是每次都全部摆出来。刀分为餐刀、鱼刀、肉刀（刀口有锯齿，用以切牛排、猪排等）、黄油刀和水果刀等。叉分为餐叉、鱼叉、肉叉和虾叉等。公用刀、叉、匙的规格明显大于餐用刀叉。

| 名 称 | 代表图片 | 名 称 | 代表图片 |
|---|---|---|---|
| 餐 刀 | | 一号叉 | |
| 尖餐刀 | | 二号叉 | |
| 鱼 刀 | | 三号叉 | |
| 牛排刀 | | 水果叉 | |
| 奶油刀 | | 长圆匙 | |
| 一号圆匙 | | 沙拉匙 | |
| 二号圆匙 | | 咖啡匙 | |
| 三号圆匙 | | 一号尖匙 | |
| 二号尖匙 | | 长尖匙 | |

## 中餐餐具

市面上的中餐餐具可见的材质有不锈钢、玻璃、木质和瓷质，但是正规的中餐餐具均为瓷质品。中餐餐具包括筷子、勺子、品锅（带盖）、盘子、碗、汤盅、牙签筒、烟灰缸等。

其中，盘子包括 12 寸鱼盘、10 寸盘、8 寸深盘、8 寸浅盘、味碟，碗可分为 6 寸面碗和 4.5 寸饭碗，勺子分为大勺和小勺。

| 名　称 | 代表图片 | 名　称 | 代表图片 |
| --- | --- | --- | --- |
| 筷子 | | 勺子 | |
| 牙签筒 | | 味碟 | |
| 汤盅 | | 鱼盘 | |
| 烟灰缸 | | 10 寸盘 | |
| 4.5 寸碗 | | 8 寸浅盘 | |
| 品锅 | | 6 寸碗 | |

## 中餐桌的布置

◎骨碟（大盘）离身体最近，正对领带餐布一角压在大盘之下，一角垂落桌沿，小盘叠在大盘之上，大盘左侧放手巾，左前侧放汤碗，瓷汤勺放在汤碗内，右前侧放置酒杯，右侧放筷子和牙签。

◎中餐中的骨碟（大盘）是作为摆设使用的，用来压住餐布的一角，没有其他用途，用骨碟（大盘）来盛放东西是不合餐桌礼仪的。

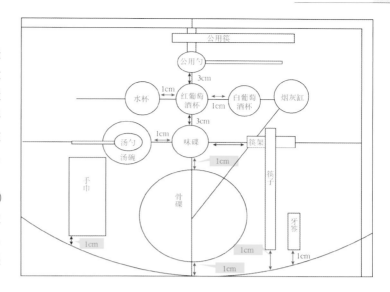

◎小盘叠在骨碟（大盘）之上，用来盛放吃剩下的骨、壳、皮等垃圾。小盘里没有垃圾或者垃圾很少的情况下，也可以用来暂放用筷子夹过来的菜。

## 西餐桌的布置

◎大餐盘位于餐桌的中央。小面包碟放置在大餐盘左侧，餐叉的上方，同时还会放置黄油刀。

◎将高脚水杯放置在客人正餐刀的上方，将细长的香槟酒杯放置在水杯和其余杯子之间。

◎将沙拉叉放置在大餐盘左侧1英寸（约2.5厘米）的地方，将正餐叉放置在沙拉叉的左边，鱼叉放置在正餐叉的左边。

◎将正餐刀（如果有肉菜的话，也可以放主菜刀）放置在大餐盘右侧1英寸（约2.5厘米）的地方，将鱼刀放置在正餐刀的右边，黄油刀则放在黄油面包碟之上，其手柄斜对着客人。汤勺或者是水果勺置于餐盘右侧，刀具的右边。

◎甜点餐叉（或者勺子）可以水平放置在大餐盘之上，也可以在供应甜点时再拿给客人。

◎盐瓶位于胡椒粉瓶的右下方，胡椒粉瓶位于盐瓶的左上方，两者略成角度。一般将盐瓶和胡椒粉瓶置于整套餐具的最上边或者是两套餐具之间。

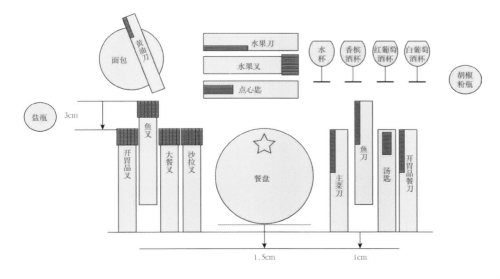

# 装饰画——提升家居格调的装饰物

装饰画属于一种装饰艺术，给人带来视觉美感，愉悦心灵。同时，
装饰画也是墙面装饰的点睛之笔，即使是白色的墙面，搭配几幅装
饰画即刻就可以变得生动起来。

## 装饰画风格的选择

居室内最好选择同种风格的装饰画，也可以偶尔使用一两幅风格截然不同的
装饰画做点缀，但不可令人眼花缭乱。另外，如装饰画特别显眼，同时风格十分
明显，具有强烈的视觉冲击力，最好按其风格来搭配家具、靠垫等。

沙发背景墙的挂画和抱枕色调统一，入门处的挂画则色彩艳丽，视觉冲击力很强

玄关墙面较窄，适合放长形的挂画

## 装饰画尺寸的选择

装饰画的尺寸宜根据房间的特
征和主体家具的尺寸选择。例如，
客厅的画高度以 50 ～ 80 厘米为
佳，长度不宜小于主体家具的 2/3；
比较小的空间，可以选择高度 25
厘米左右的装饰画；如果空间高度
在 3 米以上，最好选择大幅的画，
以突显效果。此外，还要注意装饰
画的整体形状和墙面搭配，一般来
说，狭长的墙面适合挂放狭长、多
幅组合或者小幅的画，方形的墙面
适合挂放横幅、方形或是小幅画。

# 装饰画的摆放方式

**对称式：** 最保守、最简单的墙面装饰手法。将两幅装饰画左右或上下对称悬挂，便可达到装饰效果，适合面积较小的区域，画面内容最好为同一系列。

**重复式：** 面积相对较大的墙面可采用。将三幅造型、尺寸相同的装饰画平行悬挂，成为墙面装饰。图案包括边框应尽量简约，浅色及无框款式更为适合。

**水平线式：** 在若干画框的上缘或下缘设置一条水平线，在这条水平线的上方或下方组合大量画作。若想避免呆板，可将相框更换成尺寸不同、造型各异的款式。

**方框线式：** 在墙面上悬挂多幅装饰画，可采用方框线挂法。先根据墙面情况勾勒出一个方框形，以此为界，在方框中填入画框，可以放四幅、八幅甚至更多幅装饰画。

**建筑结构线式：** 依照建筑结构来悬挂装饰画，以中和柔化建筑空间中的硬线条。例如在楼梯间，可以楼梯坡度为参考线悬挂一组装饰画，将此处变成艺术走廊。

## 装饰画类别速查

| 名 称 | 特 点 | 例 图 |
|---|---|---|
| 中国画 | 中国画具有清雅、古逸的意境，特别适合与中式风格装修居室搭配。中国画常见的形式有横、竖、方、圆、扇形等，可创作在纸、绢、帛、扇面、陶瓷、屏风等材质上 | |
| 油画 | 油画具有丰富的色彩变化，透明、厚重的层次对比，变化无穷的笔触及坚实的耐久性。油画题材一般为风景、人物和静物，是装饰画中最具有贵族气息的一种 | |
| 摄影画 | 摄影画是近现代出现的一种装饰画，画面包括"具象"和"抽象"两种类型。根据画面的色彩和主题的内容，搭配不同风格的画框，可以用在多种风格之中 | |
| 水彩画 | 水彩画是用水调和透明颜料作画的一种绘画方法，与油画一样都属于西式绘画方法，具有通透、清新的感觉 | |
| 工艺画 | 工艺画是指用各种材料通过拼贴、镶嵌、彩绘等工艺制作成的装饰画。其品种比较丰富，主要包括壁画、挂屏、屏风等艺术欣赏品 |  |

# 装饰画材料速查

| 名 称 | 特 点 | 例 图 |
|---|---|---|
| 实木框 | 实木画框重量重、质地硬、不能弯曲，质感低调、质朴，造型为平板式或带有雕刻，颜色多为木本色或彩色油漆 | |
| 金属框 | 金属画框的主要制作材料为金属，包括不锈钢、铜、铁、铝合金等。风格或现代或古朴、厚重，可低调可奢华，可选择性较多 | |
| 塑料框 | 以塑料为原料制成的画框，款式和颜色非常多，还有各种其他画框难以达到的造型，是比较经济的一种画框 | |
| 无框 | 以无框的表现形式，使装饰画表现出时尚、现代、无拘无束的个性，能够增添活力。可以用套画多拼的形式，是现代装饰的潮流。减少了画框成本，更加经济 | |
| 树脂框 | 工艺画是指用各种材料通过拼贴、镶嵌、彩绘等工艺制作成的装饰画。其品种比较丰富，主要包括壁画、挂屏、屏风等艺术欣赏品 | |
| 亚克力 | 亚克力也叫有机玻璃，具有较好的透明性、化学稳定性，易染色，易加工，外观优美，很适合制作摆台的相框 | |

# 工艺品——家居环境的点睛装饰

工艺品是通过手工或机器将原料或半成品加工而成的产品，是对一组价值艺术品的总称。工艺品来源于生活，又创造了高于生活的价值。在家居中运用工艺品进行装饰时，要注意不宜过多、过滥，只有摆放得当、恰到好处，才能拥有良好的装饰效果。

## 工艺品搭配方法

### 工艺品与灯光相搭配更适合

工艺品摆设要注意照明，有时可用背光或色块作背景，也利用射灯照明增强其展示效果。灯光颜色的不同，投射方向的变化，可以表现出工艺品的不同特质。暖色灯光能表现柔美、温馨的感觉；玻璃、水晶制品选用冷色灯光，则更能体现晶莹剔透，纯净无瑕。

### 小型工艺品可成为视觉焦点

小型工艺饰品是最容易上手的布置单品，在开始进行空间装饰的时候，可以先从此着手进行布置，增强自己对家饰的感觉。小的家居饰品往往会成为视觉的焦点，更能体现居住者的兴趣和爱好，例如彩色陶艺等可以随意摆放的小饰品。

小型的工艺品令白色的
沙发背景墙更加精致

# 悬挂式布置的墙面工艺品

### 摆放式布置

　　一些较大型的反映设计主题的工艺品，应放在较为突出的视觉中心的位置，以起到鲜明的装饰效果。在一些不引人注意的地方，也可放些工艺品，从而丰富居室表情。摆放工艺品时，要注意尺度和比例，随意地填充和堆砌，会产生没有条理的感觉。

### 悬挂式布置

　　此种方式适合能够悬挂的工艺品，例如同心结、挂画、钟表等。恰当的悬挂位置为能够增加装饰性的墙面，例如装饰柜上方、沙发上方、床头背景墙等位置。小件悬挂工艺品的颜色可以艳丽些，大件的要注意与居室环境色调的协调。

玄关桌上的粉色瓷瓶大小不一，产生惬意的美感

颇具自然风味的木质工艺品提升了空间的温馨气质

## 工艺品材质速查

### 木雕工艺品

以实木为原料雕刻而成的装饰品，是雕刻家心灵手巧的产物，具有较高的观赏价值和收藏价值。适合中式及自然类风格

### 水晶工艺品

水晶工艺品具有晶莹剔透、高贵雅致的特点；不仅有实用价值和装饰作用，还有聚财镇宅的美好寓意。适合现代风格及具有高雅气息的欧式居室

### 编织工艺品

编织工艺品是将植物的枝条、叶、茎、皮等加工后，用手工编织而成的工艺品。编织工艺品具有天然、朴素、清新的艺术特色

### 铁制工艺品

以铁为原料的工艺品类型，经人工打造，焊接塑形，通过烤漆，喷塑、彩绘等多道工序组合而成的产物，做工精致，设计美观大方

### 玻璃工艺品

玻璃工艺品外表通透、多彩、纯净、莹润，可以起到反衬和活跃气氛的效果。较适合现代类以及具有华丽风格的家居使用

### 陶瓷工艺品

陶瓷工艺品大多制作精美，即使是近现代的陶瓷工艺品也具有极高的艺术价值。陶瓷工艺品的款式繁多，主要以人物、动物或瓶件为主

| 绒沙金工艺品 | 铜制工艺品 |
|---|---|

以 99.9% 金、银、铜等贵金属以及高分子混合材料为原料，通过多道工序制成的工艺品，表面是纯度很高的千足金。此类工艺品适合与红色系的家具搭配，具有富贵、华丽的效果

现代铜工艺品多为黄铜制品，主要加工方式为雕塑，多为人物、动物等摆件以及花瓶、香炉等用品

| 石材工艺品 | 树脂工艺品 |
|---|---|

石材雕塑讲究造型逼真，手法圆润细腻，纹饰流畅洒脱。家居石雕的主要原料为大理石，质地坚硬，多以人物、动物为主题

树脂工艺品无论是人物还是山水都可以做成，还能制成各种仿真效果，包括仿金属、仿水晶、仿玛瑙等

| 不锈钢工艺品 | 玉器工艺品 |
|---|---|

不锈钢工艺品属于特殊的金属工艺品，比较结实，质地坚硬，耐氧化，无污染，对人体无害，较适合现代风格和简欧风格

玉石工艺品以佛像、动物和山水为主，多带有中国特有的美好含义或寓意，大部分都带有木质底座

# 装饰花艺——大自然的"美颜家"

装饰花艺，是指将剪切下来的植物的枝、叶、花、果作为素材，经过一定的技术（修剪、整枝、弯曲等）和艺术（构思、造型、配色等）加工，重新配置成一件精致完美、富有诗情画意、能再现自然美和生活美的花卉艺术品。

## 花艺的风格

### 中国插花

中国插花在风格上强调自然的抒情、优美朴实的表现、淡雅明秀的色彩、简洁的造型。在中国花艺设计中，最长的那枝称作"使枝"。以"使枝"为参照，基本的花艺类型可分为：直立型、倾斜型、平出型、平铺型和倒挂型。

中式禅意插花

### 日本插花

日本插花以花材用量少、选材简洁为主流，它以花的含苞、待放、盛开代表事物的过去、现在、将来。日本插花的流派众多，号称有三千流之多。草月流插花是日本近代新兴的插花流派，注重造型艺术，把无生命的东西赋予新的生命力，具有独创精神，是日本新潮流的代表。

日式简洁插花

### 西方插花

西方的花艺设计，总体注重花材外形，追求块面和群体的艺术魅力，色彩艳丽浓厚，花材种类多，用量大，追求繁盛的视觉效果，布置形式多为几何形式，一般以草本花卉为主。形式上注重几何构图，讲求浮沉型的造型，常见的有半球形、椭圆形、金字塔形和扇面形等。西方插花色彩浓厚、艳丽，创造出热烈的气氛，表现出热情奔放、雍容华贵的风格，具有富贵豪华的气氛，且对比强烈。

# 花艺的色彩设计

## 花卉与花卉之间的色彩关系

两者之间可以用多种颜色来搭配，也可以用单种颜色，要求配合在一起的颜色能够协调。例如，用蜡梅花与象牙红两种花材合插，一个满枝金黄，另一个鲜红如血，色彩协调，以红花为主，黄花为辅，远远望去，红花如火如荼，黄花星光点点，通过花枝向外辐射。

插花中，青枝绿叶起着很重要的辅佐作用。枝叶有各种形态，又有各种色彩，如运用得体，能收到良好的效果。如选用伸展着绿叶的水杉枝，勾勒出插花造型的轮廓，再插入几支粉红色的唐菖莆或深红色的月季，颜色并不华丽，显得端庄大方。

### 花卉与容器的色彩

两者之间要求协调，但并不要求一致，主要从两个方面进行配合：一是采用对比色组合；二是采用调和色组合。对比配色有明度对比、色相对比、冷暖对比等。运用调和色来处理花与器皿的关系，能使人产生轻松、舒适感。方法是采用色相相同而深浅不同的颜色处理花与器的色彩关系，也可采用同类色和近似色。

透明花瓶衬托白色花卉的清新

白色花器与红色花卉产生对比感

草绿色花器与花卉色彩调和

### 插花的色彩要根据季节来配置

插花色彩还要根据季节变化来运用。春天里百花盛开，此时插花宜选择色彩鲜艳的材料，给人以轻松活泼、生机盎然的感受。夏天，可以选用一些冷色调的花，给人以清凉之感。到了秋天，满目红彤彤的果实，遍野金灿灿的稻谷，此时插花可选用红、黄等明艳的花，与黄金季节相呼应，给人以无限的遐想。冬天的来临，伴随着寒风与冰霜，这时插花应该以暖色调为主，插上色彩浓郁的花卉，给人以迎风破雪的生机勃勃之感。

黄色、绿色的插花给人清凉之感

粉色的插花带给人春天的活力

# 插花器皿速查 🔍

| 陶瓷花器 | 玻璃花器 |
|---|---|

陶器的品种极为丰富，或古朴或抽象，既可作为家居陈设，又可作为插花用的器皿，可以体现出多元化的装饰效果

玻璃花器常见有拉花、刻花和模压等工艺，车料玻璃最为精美。由于玻璃器皿的颜色鲜艳，晶莹透亮，已成为现代家庭装饰品

| 树脂花器 | 金属花器 |
|---|---|

树脂容器硬度较高，款式多样、色彩丰富，质感比塑料要细腻。高档的树脂花瓶同时也可以作为工艺品

金属花器是指由铜、铁、银、锡等金属材料制成的花器，具有豪华、敦厚的观感。其制作工艺的不同能够反映出不同时代的特点

| 编织花器 | 木容器 |
|---|---|

编织花器包含藤、竹、草等材料制成的花器，易于加工，形式多样，具有朴实的质感，与花材搭配，可营造田园气氛，彰显原野风情

木容器造型典雅、色彩沉着、质感细腻，不仅是花器，也是工艺品，具有很强的感染力和装饰性

# 绿色植物——有氧空间的清新剂

绿植为绿色观赏观叶植物的简称，因其耐阴性能强，可作为观赏植物在室内种植养护。在家居空间中摆放绿植不仅可以起到美化空间的作用，还能为家居环境带入新鲜的空气，塑造出一个绿色有氧空间。

## 绿植在家居中摆放不宜过多、过乱

室内摆放植物不要太多、太乱，不留空间。一般来说，居室内绿化面积最多不得超过居室面积的 10%，这样室内才有一种扩大感，否则会使人觉得压抑；植物的高度不宜超过 2.3 米。另外，在选择花卉造型时，还要考虑家具的造型，如在长沙发后侧摆放一盆高而直的绿色植物，就可以打破沙发的僵直感，产生一种高低变化的节奏感。

## 避免种植芳香花卉和有毒花卉

一些过于芳香和有毒的花卉，不适宜家居种植，如夜来香、丁香、百合等花卉过于芳香；虎刺梅、变叶木、光棍树、霸王鞭、一品红等大戟科植物和夹竹桃、长春花等夹竹桃科植物，体内都含有对人体有毒的生物碱，应坚决避免在室内种植。

不同大小的绿植把白色系的客厅装点得生机盎然

# 根据居室朝向选择绿植

◎朝南居室：南窗每天能接受 5 小时以上的光照，适合君子兰、百子莲、金莲花、栀子花、茶花、牵牛花、天竺葵、杜鹃花、月季、郁金香、水仙、风信子、冬珊瑚等。

◎朝东、朝西居室：适合仙客来、文竹、天门冬、秋海棠、吊兰、花叶芋、金边六月雪、蟹爪兰、仙人棒类等绿植。

◎朝北居室：适合棕竹、常春藤、龟背竹、豆瓣绿、广东万年青、蕨类等绿植。

居室阳光充足，可摆放各类喜阳植物

## 植物布置方式速查表

| 陈列式 | 攀附式 | 吊挂式 |
|---|---|---|
|  |  | |
| 陈列式包括点式、线式和片式三种。点式即将盆栽植物置于桌面、茶几、窗台及墙角，构成绿色视点。线式和片式是将一组盆栽植物摆放成一条线 | 大厅和餐厅等室内某些区域需要分割时，采用攀附植物隔离，或带某种条形或图案花纹的栅栏再附以攀附植物 | 在窗前、墙角、家具旁吊放有一定体量的阴生悬垂植物，可改善室内人工建筑的生硬线条造成的枯燥单调感，营造生动活泼的空间立体美感 |
| 壁挂式 | 栽植式 | 迷你型 |
|  |  |  |
| 壁挂式预先在墙上设置局部凹凸不平的墙面和壁洞，供放置盆栽植物；或砌种植槽，然后种上攀附植物，使其沿墙面生长，形成室内局部绿色的空间 | 栽植式装饰方法多用于室内花园及室内大厅堂有充分空间的场所。栽植时，多采用自然式，即平面聚散相依、疏密有致，并使乔灌木及草本植物和地被植物形成层次 | 利用迷你型观叶植物配植在不同容器内，摆置或悬吊在室内适宜的场所。在布置时，要考虑室内观叶植物如何与生活空间内的环境、家具、日常用品等相搭配 |

## Section 3
### 软装的色彩设计

色相、纯度及明度为色彩的三种属性。纯度指的是色素的饱和程度。明度是指色彩的深与浅所显示出的程度，明度变化即深浅的变化。进行家居配色时，遵循色彩的基本原理，使配色效果符合规律才能够打动人心，而调整色彩的任何一种属性，整体配色效果都会发生改变。

## 色相

色相指色彩所呈现出的相貌，是一种色彩区别于其他色彩最准确的标准，除了黑、白、灰三色，任何色彩都有色相。色相可以通过色相环来直观表现，常见的色相环分为 12 色和 24 色两种。即便是同一类颜色，也能分为几种色相，如黄颜色可以分为中黄、土黄、柠檬黄等。

12 色相环

颜色秩序的归纳

24 色相环

以蓝绿色的复色为主的客厅空间

以三原色中的蓝色为主的空间

# 明度

明度指色彩的明亮程度，明度越高的色彩越明亮，反之则越暗淡。白色是明度最高的色彩，黑色是明度最低的色彩。三原色中，明度最高的是黄色，蓝色明度最低。同一色相的色彩，添加白色越多，明度越高，添加黑色越多，明度越低。

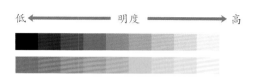

低 ←——— 明度 ———→ 高

软装配色明度差异大，给人活力四射的视觉感受

软装配色明度差异小，给人平和安静的感受

# 纯度

纯度指色彩的鲜艳程度，也叫饱和度、彩度或鲜度。原色的纯度最高，无彩色纯度最低，高纯度的色彩无论加入白色还是黑色，纯度都会降低。

高纯度 ←——————→ 低纯度

纯度高的软装色彩组合艳丽感十足，配色层次丰富

低纯度软装配色，给人感觉比较温馨、稳定

# 色彩的四种角色在软装中的运用

家居空间中的色彩，既体现在墙、地、顶，也体现在门窗、家具上，同时，窗帘、饰品等软装的色彩也不容忽视。事实上，这些色彩具有不同的角色，在家居配色中，了解了色彩的角色，合理区分，是成功配色的基础之一。

## 背景色

背景色顾名思义，就是空间中充当背景的颜色，不限定于一种颜色，一般均为大面积的颜色，如天花、地板、墙面等。即使是同一组家具，搭配不同的背景色，呈现出的视觉效果也是不同的。可以说，背景色是起到支配空间整体感觉的色彩，因此，在进行家居软装色彩设计时，先确定背景色可以使整体设计更明确一些。

淡雅的浅色调为背景色，显得柔和、舒适，给人和谐的感觉

床头背景墙采用浓郁的绿色，搭配其他柔和的背景色，能够使空间"动"起来

## 主角色

主角色通常是空间中的大型家具、陈设或大面积的织物，例如沙发、屏风、窗帘等。它们是空间软装的主要部分、视觉的中心，其色彩可引导整个空间的走向。决定空间整体氛围后，主角色可以在划定的范围内选择自己喜欢的色彩，其并不限定于一种，但不建议超过三种颜色。

背景色为绿色，与红色为主的餐桌椅，两者互为互补色，形成对比关系

背景色为浅蓝色，与蓝绿色为主的床，色相类似，形成协调的效果

## 配角色

配角色与主角色是空间软装的"基本色"。配角色主要起到烘托及凸显主角色的作用，它们通常是地位次于主角色的陈设，例如沙发组中的脚凳或单人沙发、角几，卧室中的床头柜等。配角色的搭配能够使空间产生动感、活跃的视觉印象。

床头柜与床的色调对比明显，从而突出床的色调 　　床与床头柜色调统一，显得非常整体

## 点缀色

点缀色指空间中一些小的配件及陈设，例如插花、摆件、灯具、靠枕、盆栽等，它们能够打破大面积色彩的单一性，起到调节氛围、丰富层次感的作用。作为点缀色的陈设不同，其背景色也是不同的，例如花瓶靠墙放置，墙为其背景色；沙发上的靠垫背景色为沙发。参考其背景色进行选择时也要照顾到整个空间，总的来说，一个空间中的点缀色数量不宜过多。

鲜艳的沙发抱枕，令客厅更加活力四射

# 家居软装色彩的搭配类型

配色设计时，通常会采用至少两到三种色彩进行搭配，这种使用色相的组合方式称为色相型。色相型不同，塑造的效果也不同。色彩较少的色相型用在家居配色中能够塑造出平和的氛围；而开放型的色相型，色彩数量越多，塑造的氛围越自由、越活泼。

## 同相型·类似型配色

完全采用统一色相的配色方式被称为同相型配色，用邻近的色彩配色称为类似型配色。两者都能给人稳重、平静的感觉，通常会在软装的布艺织物的色彩上存在区别。

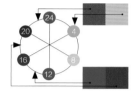

同相型　　　　　　　8 份差距的类似型

同相型：闭锁感，体现出执着性、稳定感　　　　类似型：色相幅度有所增加，更加自然、舒适

## 对决型·准对决型配色

对决型是指在色相环上位于 180 度相对位置上的色相组合，接近 180 度位置的色相组合就是准对决型。此两种配色方式色相差大，视觉冲击力强，可给人深刻的印象。

对决型　　准对决型　　色相环　　对决型　　准对决型

对决型：充满张力，给人舒畅感和紧凑感　　　　准对决型：紧张感降低，紧凑感与平衡感共存

## 三角型·四角型配色

三角型配色是指在色相环上处于三角形位置的颜色的配色方式,最具代表性的就是三原色,即红、黄、蓝。三原色形成的配色具有强烈的视觉冲击力及动感,如果使用三间色进行配色,则效果会更舒适、缓和一些。

三角型:纯色调的三原色令餐厅更具视觉冲击力

四角型:以红色作为背景色,蓝色作为主角色,黄色、绿色作为点缀色,色彩感觉更活跃

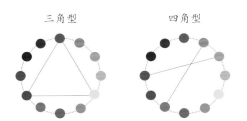

## 全相型配色

在色相环上,没有冷暖偏颇地选取 5~6 种色相组成的配色为全相型,它包含的色相很全面,形成一种类似自然界中的丰富色相,充满活力和节日气氛,是最开放的色相型。在空间软装配色中,全相型最多出现在沙发抱枕或餐具、挂画等软装上。

六色相俱全的全相型配色将色彩自由排列,令客厅配色更具时尚气息

# 不理想软装配色的调整

家居空间并非所有格局都是规则的，缺陷户型会降低人们的居住舒适感。除了对空间大改格局外，还可以通过软装色彩来减弱格局缺陷，在视觉效果上改变空间的高矮、长短等，使空间比例更为协调。

## 突出主色

在进行软装配色时，明确主色，能够让人产生安心的感觉。主色被恰当地凸显，在视觉上才能够形成焦点，如果主色的存在感弱，整体色调会缺乏稳定感。主色有强势的也有低调的，即使低调的主角也可以通过相应的配色，来强化与凸显。突出主色的方式有两种：一是直接增强主色；另一种是在主色弱势的情况下，通过添加衬托色或削弱配色的方式来保证主色的绝对焦点的优势。

**提高纯度：**此方式是使主角色变得明确的最有效方式，当主角色变得鲜艳，在视觉中就会变得强势，自然会占据主体地位。

*绿色的沙发与紫色的抱枕形成饱和度较高的对比色，在斑驳的白墙下显得更为精致*

**增强明度差：**明度差就是色彩的明暗差距，明度最高的是白色，最低的是黑色，色彩的明暗差距越大，视觉效果越强烈。如果客餐厅沙发或餐桌椅与背景色的明度差较小，可以通过增强明度差的方式来使主角色的主体地位更加突出，令空间更具层次。

*沙发背景选用白色调与红棕色的背景明度差别较大，凸显层次感*

增强色相型：就是增大主角色与背景色或配角色之间的色相差距，使主角色的地位更突出。在所有的色相型中，按照效果的强弱来排列，则同相型最弱，全相型最强。若室内配色为同相型，则可增强为后面的任意一种。

| 主角色 | 配角色 | 背景色 | ➡ | | 主角色 | 配角色 | 背景色 |

主角色与背景色为类似型配色，差距小，主角色的地位不是很突出，效果内敛、低调

主角色不变，将背景色变换为与主角色为对决型配色的蓝色，则效果变得强烈起来，主角色的主体地位更突出

沙发造型优雅、精致，与宝蓝色、深红色的窗帘形成色相上的对比，令客厅的整体氛围更具清幽的气息

增加点缀色：若不想对空间做大动作的改变，可以为空间软装增加一些点缀色来明确其主体地位，改变空间配色的层次感和氛围。这种方式对空间面积没有要求，大空间和小空间都可以使用，是最为经济、迅速的一种改变方式。例如，客厅中的沙发颜色较朴素，与其他配色相比不够突出，就可以选择几个彩色的靠垫放在上面，通过点缀色增加其注目性，来达到突出主角地位的目的。

边几上的工艺品

# 色彩融合

如果觉得空间软装颜色搭配过于鲜明、混乱，看起来不统一，有杂乱无章的感觉，想要改变为平和、统一的效果，可以通过靠近色彩的明度、色调以及添加类似或同类色等方式来进行整体融合，比如把客餐厅的配角色或点缀色换成和主体家具相靠近的明度或色彩。

**靠近色彩的明度：** 在相同数量的色彩情况下，明度靠近的搭配要比明度差大的一种要更加安稳、柔和。

| 主角色 | 配角色 | 背景色 |
| --- | --- | --- |

主角色与背景色之间的明度差距大，突出主角色的同时带有一些尖锐的感觉

| 主角色 | 配角色 | 背景色 |
| --- | --- | --- |

调节背景色的明度值，与主角色靠近，整体色相不变的情况下，变得稳重、柔和

白色的主色调搭配蓝色的配角色和草绿色、红色的点缀色，虽然色彩差异性大，但明度统一，所以整体并不感觉杂乱无章

**靠近色调：** 相同的色调给人同样的感觉，例如淡雅的色调柔和、甜美，浓色调给人沉稳、内敛的感觉等。因此，不管采用什么色相，只要采用相同的色调进行搭配，就能够融合、统一，塑造柔和的视觉效果。

| 主角色 | 配角色 | 背景色 |
| --- | --- | --- |

组合中包括了各种色调，以给人混乱、不稳定的感觉

| 主角色 | 配角色 | 背景色 |
| --- | --- | --- |

将配角色和背景色调整为靠近色调，效果稳定、融合

降低了明度的绿色与棕黄色色调相近，同时又有冷暖的对比，搭配使用可以令空间稳定、舒适

　　**重复形成融合**：同一种色彩重复地出现在室内的不同位置上，就是重复性融合。当一种色彩单独用在一个位置与周围色彩没有联系时，就会给人很孤立不融合的感觉，这时候将这种色彩同时用在其他几个位置，重复出现时，就能够互相呼应，形成整体感。

红色和绿色对比强烈，加入粉色和黄色的软装后，空间对比性减弱

　　**添加类似色**：这种方式适用于室内色彩过少，且对比过于强烈，使人感到尖锐、不舒服的情况下使用。选取室内的两种角色，通常建议为主角色及配角色，添加或与前面任意角色为同类型或类似型的色彩，就可以在不改变整体感觉的同时，减弱对比和尖锐感，实现融合。

# 常见的软装配色印象

结合居住者的性别和年龄特征进行家居配色，能够使空间色彩搭配更具个性、更贴近居住者的需求。本章根据不同人群的代表色进行空间配色，令家居空间配色更具有针对性。

## 女性色彩印象

女性特点的色彩在色相上通常以红色、粉色等暖色为主；在色调上以高明度为主，采用粉色、淡黄色等高明度配色，能够表现出甜美、浪漫的氛围。此外，搭配上白色或恰当的冷色，能够塑造出梦幻感。在高明度的暖色中，添加少量的灰色，搭配一些过渡平稳的其他色彩，能够表现出优雅、高贵的色彩印象，适合表现成年女性的特点。

女性色彩温暖柔和

## 男性色彩印象

与女性色彩截然相反，男性的代表色彩通常是具有厚重感的或者冷峻的色彩。厚重的色彩能够表现出力量感，以暗色调为主；冷峻的色彩能够表现出理智、高效的感觉，以冷色系以及黑、灰等无色系色彩为主，明度和纯度较低。以蓝色和灰色结合，能够表现出具有高级感和稳重感的氛围，搭配白色，具有洁净感并充满力度。

加入灰色有绅士味道

## 儿童色彩印象

儿童天真烂漫，处于无忧无虑的年纪。通常用纯度和明度都比较高的配色，蓝、绿色适合男孩，粉色、黄色适合女孩。虽然都是儿童房，但还有不同的年龄区别。婴幼儿的房间，要避免过于刺激，使他们感觉温暖、安心，因此要采用淡雅的色调，如肤色、粉色、淡黄色等做主角，营造适合婴儿的氛围。少年的活动能力强，正是好动的时候，采用鲜艳的色彩组合方式，更适合表现他们的特点。

## 都市气息色彩印象

都市里充斥着人工的痕迹，给人刻板、抑制的感觉。无彩系的灰色、黑色与低纯度的冷色能够演绎出都市的素雅氛围，色彩之间以对比为主。灰色具有高档感，是表现都市印象不可缺少的色彩，能够体现出理性和干练的特点，传达出都市生活高效、有序的特点。

女孩

男孩

婴儿

抑制、刻板的都市色彩

自然的绿色调

## 自然气息色彩印象

与都市印象的冷硬感相反，自然气息的色彩给人温和、朴素的印象。此类色彩印象源自于泥土、树木、花草等自然界的素材，以棕色、绿色、黄色为主，明度中等，纯度较低。茶色系能展现简单的自然印象，从深茶色到浅褐色，通过同一色相、不同色调的组合，能够简单地传达出朴素、放松的自然气息。绿色是最具代表性的自然色彩，与茶色系搭配更能够强化这一印象，不论是鲜艳的色调还是素雅的色调，都能够传达出这一感觉。

## 休闲活力的色彩印象

具有活力的、充满休闲感的色彩印象源自于鲜艳的、明亮的色调，以暖色为中心且包含了多种色相的配色方式。艳丽的、高纯度的、高明度的黄色、橙色、红色等暖色，具有热烈、温暖的感觉，是表现活力感必不可少的元素，而后搭配少量的冷色或中性色，充满张力且耀目，充满动感。

高明度色调展现活力色彩印象

## 清新柔和的色彩印象

越是接近白色的高明度色彩，越能体现出清新和柔和感。以冷色为主，对比度低、高明度、整体配色具有融合感，是这类色彩印象的基本要求。表现清新感，首选色彩是高明度的蓝色和绿色，如果搭配组合中加入白色，能够进一步凸显出清凉的感觉，若加入明亮的黄绿色或黄色，能够体现平和、自然的感觉。与具有清透感的明亮冷色相比，高明度的灰色则倾向于表现舒适、干练的印象，如果配以浅茶色，则能够传达出轻柔与细腻的感觉。

清新、柔和的色彩印象

## 传统厚重的色彩印象

东西方的传统风格中，多采用厚重的色彩，这些温暖而又厚重的色彩，能够传达出久经历史的、怀旧的感觉，特别是古典家具，最具凝重的传统感。表现传统的色彩印象，以暗沉的暖色系为主，多采用低明度和低纯度的茶色、褐色和红色。选择两种或三种搭配，就能够简单地塑造出怀旧情调。在怀旧的色彩组合中加入黑色和深咖色能够显得更为厚重，而加入暗沉的冷色，能够增添可靠感，搭配暗沉的紫红色，则具有格调感。

厚重的配色印象

# 周边因素对软装色彩的影响

色彩不是凭空存在的，一定是依附在具体的物质上，进一步被感知的。因此，材质和色彩是不可分离的两部分。相同的颜色，采用不同质感的材料，会呈现出不同的感觉。不同质感的材质，能够对色彩的明暗产生影响。因此，充分了解材质与色彩的关系，能够更加轻松地进行软装设计。

## 材质对色彩的影响

### 自然类材质与人造材质

常用的软装材质可分为人工材质和自然材质两种。顾名思义，人工材质就是经过人工合成的材质，例如人造织物、金属、玻璃等；自然材质是取材于自然界中，没有经过人工合成的材质，例如木质家具等。在居室中，丰富的材质，对色彩的感觉能够产生或大或小的影响。

而人工材质比较单薄，单一物体上的色彩比较平均，但色彩的可选范围广泛，无论素雅还是艳丽，均能够得到满足。通常，室内的软装饰是通过两种材质的结合来表现的。

人工材质

天然木材与人造棉麻材质搭配，给人自然感

### 冷材质与暖材质

材质可分为冷材质和暖材质两种，相同的颜色放在不同质感的材质上，会呈现出差异。玻璃、金属给人冰冷的感觉，被称为冷材质；织物、皮草、地毯等具有保温效果，使人感觉温暖，被称为暖材质。木材、藤、草等介于冷暖之间，比较中性。当暖色附着冷材质上时，暖色的温暖感就会减弱；反之，冷色附着在暖材质上时，冷色的冷硬感也会减弱。例如，橙色的玻璃花瓶要比同色的织物感觉冷一些；蓝色的织物则比蓝色的金属感觉要暖一些。

同种色彩的玻璃、不锈钢、瓷瓶比抱枕让人感觉更加冰冷

### 光滑度对色彩的影响

不同的材质，表面的光滑度也存在差异，这种差异会使相同的颜色产生微妙的变化。橙色的玻璃罐与橙色的织物相比，让人感觉会偏冷一些。相同的木材质，未经处理的粗糙木材的表面色彩，要比经过抛光处理的木材表面的色彩明度更高一些。

吧台由砖体刷白而成，表面粗糙，比墙面乳胶漆显得更暖

# 光及气候对色彩的影响

### 自然光与色彩

不同朝向的房间，会有不同的自然光照，在不同强度的光照下，相同的色彩会呈现出不同的感觉。因此，在进行软装的色彩选择时，可以利用色彩的反射率，来改善空间的光照缺陷。

例如，朝东的房间，一天中光线的变化大，与光照相对应的部位，宜采用吸光率高的颜色，深色的吸光率都比较高，例如深蓝色、褐色等；而背光部分的家具及装饰，采用反射率高的颜色，浅色的反射率高，例如浅蓝色、浅黄色等。不同色温折射在不同颜色的材料上会产生不同的色彩变化，材料的明度越高，越容易反射光线，明度越低，越容易吸收光线。北面的房间显得阴暗，可以采用明度高的暖色；南面的房间光照充足，显得明亮，可以采用中性和冷色相。

阳光充足的空间搭配中性色不会显得过于阴冷

暖光源具有华丽感

冷光源给空间增添酷感

## 人工照明对色彩的影响

不同的照明灯具具有不同的色温。室内常用的灯具以白炽灯和荧光灯两种光源为主，白炽灯的色温较低，色温低的光源偏黄，具有稳重温暖的感觉；荧光灯的色温较高，灯光偏蓝，感觉清新。不同颜色的灯光会对物体的颜色有一定的影响。例如，同样偏蓝色的光源，白色的沙发会变成浅蓝色，而黑色的沙发还是黑色。在进行软装布置时，需要将这一影响考虑进去，同样的配色方案，在不同照度、不同类型的光源下，空间的亮度具有明显的差异。

## 图案与面积对色彩的影响

图案大小影响空间感受。如同前进色和后退色的感受一样，壁纸、窗帘、地毯的花纹、图案，也会从视觉上影响房间的大小。大花纹有压迫感，让人觉得房间狭小；而小花纹具有后退感，视觉上显得房间更为开阔。同样的，横向的花纹显得房间更为宽敞，竖向的花纹特别是竖条纹，能够增加空间的高度感。

大花纹压迫感

小花纹后退感

竖纹提升高度

横纹扩充宽度

Chapter **2**

# 家居空间的**软装设计**

在家居空间里，

每件家具和饰品都有自己的作用，

**当它存在于一个特定的空间里，**

它的尺寸大小和色彩材质就与空间

发生了必然的联系，成为整体的一个部分。

**因此，家具和饰品的搭配需要根据空间的**

**不同而遵循一些原则和技巧，**

**否则很容易出现杂乱无章的状况。**

# 1 Section

## 家居空间的软装布置

### 客厅——会客空间

客厅在整个家居空间中处于领导地位，这决定了客厅家具的重要地位，它的色调和风格既要与整体环境相协调，又需要体现出居住者的品位和爱好。以"以人为本"为出发点，最大限度地适应居住者的生活方式。

### 客厅软装搭配应与居室相协调

空间面积较大的客厅可以选择较大的家具和饰品，数量也可适当增加一些。家具太少，容易造成室内空荡荡的感觉，且增加人的寂寞感。而空间面积较小的客厅，则应选择一些精致、轻巧的家具，搭配几件自己的喜欢的工艺品即可。如果软装过多过大，会使人产生一种窒息感与压迫感。

*精致小巧的挂画令白色系的客厅更加活泼*

| 家具名称 | 家具介绍 |
|---|---|
| 三人沙发 |  三人沙发是客厅最常见的沙发。常见的三人沙发尺寸标准为长度 175~226 厘米，深度 80~90 厘米，座高 35~42 厘米 |
| 双人沙发 |  双人沙发一般用来在中小户型客厅中取代三人沙发，或与三人沙发和单人座椅搭配使用。双人沙发的尺寸范围为长度 126~150 厘米，深度为 80~90 厘米，座高为 35~42 厘米 |
| 单人座椅 |  适合单个人坐的沙发，款式多样，分为双扶单人沙发、单扶单人沙发和无扶单人沙发，客厅中适合与三人或双人沙发以组合形式使用，样式总体可以分为方形和圆形两种 |
| 茶几 |  一般来说，沙发前的茶几通常高约 40 厘米，以桌面略高于沙发的坐垫高度为宜，但最好不要超过扶手的高度。茶几的长宽比要视沙发围合的区域或房间的长宽比而定 |
| 角几 |  角几体积小、重量轻，可以灵活地移动，造型多变，可选择性多。一般被摆放于角落、沙发边等，使用的目的是方便放置常用的、经常流动的小物件或电话 |
| 电视柜 |  电视柜最早产生是为了方便摆放电视，随着壁挂电视的推广，现在的多为集电视、机顶盒、DVD、音响设备、碟片等产品收纳和摆放于一体的家具，更兼顾展示用途 |
| 收纳柜 |  布置收纳柜可以实现小物品的存放。收纳柜的外观风格要和客厅整体风格统一，尤其是细节方面，如斗柜拉手、柜脚等细节部分的设计 |

# 客厅家具摆放方法

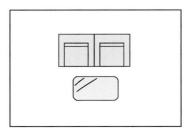

### 沙发 + 茶几

这是最简单的布置方式，适合小面积的客厅。因为家具的元素比较简单，因此在家具款式的选择上，不妨多花点心思，别致、独特的造型款式能给小客厅带来变化的感觉。

### 三人沙发 + 茶几 + 单体座椅

三人沙发加茶几的形式太规矩，可以加上一两把单体座椅，打破空间的简单格局，也能满足更多人的使用需要。

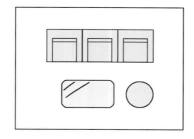

### L 型摆法

L 型是客厅家具常见的摆放形式，三人沙发和双人沙发组成 L 形，或者三人沙发加两个单人沙发等多种组合变化，让客厅更丰富多彩。

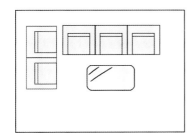

### 围坐式摆法

主体沙发搭配两个单体座椅或扶手沙发组合而成的围坐式摆法，能形成一种聚集、围合的感觉。适合一家人在一起看电视，或很多朋友围坐在一起高谈阔论。

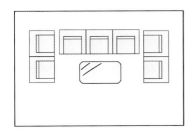

### 对坐式摆法

将两组沙发对着摆放的方式不大常见，但事实上这是一种很好的摆放方式，尤其适合越来越多的不爱看电视的人的客厅。而且面积大小不同的客厅，只需变化沙发的大小就可以了。

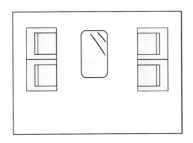

# 餐厅——美食空间

餐厅是家庭中用于就餐的场所。餐厅家具可以直接影响人的
食欲，因此，需要更加精心地选择搭配。餐厅中的家具除了
餐桌、餐椅外，还应该备有用于储物的柜子，宽敞的餐厅还
会用到装饰的边几。

## 餐厅软装色彩应明朗轻快，促进食欲

餐厅软装的色彩因个人爱好和性格不同而有较大差异。但总的说来，餐厅宜以
明朗轻快的色调为主，适合使用橙色和黄色以及相同色相的姐妹色。这两种色彩都
有刺激食欲的功效，它们不仅能给人以温馨感，而且能提高进餐者的兴致。

原木色的餐桌搭配清爽的蓝色，令餐厅干净明亮

| 家具名称 | 家具介绍 |
|---|---|
| 餐桌  | 餐桌的形状以长方形和圆形为主，在考虑餐桌的尺寸时，还要考虑到餐桌离墙的距离，一般控制在 80 厘米左右比较好，这个距离是包括把椅子拉出来，以及能使就餐者方便活动的最小距离 |
| 餐椅  | 餐椅是与餐桌配套使用的家具，主要作用是供人们坐下用餐。餐椅的风格和颜色可以与餐桌配套，但在有些家居风格中，餐椅还可与餐桌在颜色上形成反差，塑造个性感 |
| 酒柜  | 用来存储或展示酒类的柜子，所陈列的不同色彩的酒类，能够为餐厅增添多种色彩，赏心悦目的同时，还可以让人食欲大增 |
| 条几  | 如果餐厅的面积够大，除了必备的餐边柜外，还可以在另一侧的墙面靠墙摆放一个条几，用来摆放一些装饰品或者酒品 |
| 卡座  | 卡座是将传统沙发和餐椅功能综合延伸而成的一种坐具。合理的餐厅卡座不仅能有效解决迷你餐厅、狭长餐厅等问题户型，还能大大增加收纳空间 |

## 餐厅家具摆放方法

### 独立式餐厅

最理想的餐厅格局，餐厅位置应靠近厨房。需要注意，餐桌、椅、柜的摆放与布置须与餐厅的空间相结合，如方形和圆形餐厅，可选用圆形或方形餐桌，居中放置；狭长餐厅可在靠墙或窗一边放一个长餐桌，桌子另一侧摆上椅子，空间会显得大一些。

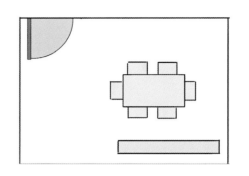

## 一体式 餐厅 – 客厅

餐厅和客厅之间的分隔可采用灵活的处理方式，可用家具、屏风、植物等做隔断，或只做一些材质和颜色上的处理，总体要注意餐厅与客厅的协调统一。此类餐厅面积不大，餐桌椅一般贴靠隔断布局，灯光和色彩可相对独立，除餐桌椅外的家具较少，在设计规划时应考虑到多功能使用性。

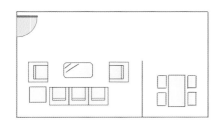

## 一体式 餐厅 – 厨房

这种布局能使上菜快捷方便，能充分利用空间。值得注意的是，烹调不能破坏进餐的气氛，就餐也不能使烹调变得不方便。因此，两者之间需要有合适的隔断，或控制好两者的空间距离。另外，餐厅应设有集中照明灯具。

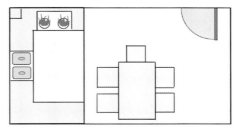

# 玄关——过渡空间

玄关是家居空间的"脸面"，能在第一时间体现出家庭居住者的品位和时尚水准，代表着居室装修的整体走向。常见的玄关家具有鞋柜、换鞋凳、玄关桌、衣帽柜等。

## 根据空间设置玄关柜

如果面积有限，无法设置独立的玄关空间，但是一些随身携带的物品需要在进门时找到临时安放之地，那么不妨选择小巧的玄关柜，在进门处创造方便实用的空间。玄关柜和工艺品、镜子等配件最好风格统一，可以形成小区域的整体感。各种边柜、条形柜，甚至小浴室柜等家具都适合摆放在这里，色彩要尽量单纯清新。屏风是玄关家具有益的补充，既能起到划分区域遮挡视线的功能，也有一定的装饰性。

玄关柜和挂画组合活跃空间氛围

| 家具名称 | 家具介绍 |
|---|---|
| 鞋柜  | 一般来说，玄关最主要的家具就是鞋柜，一般要根据玄关的面积确定鞋柜的大小，内部隔层也可根据鞋子的高矮进行设计 |
| 换鞋凳  | 换鞋凳给人提供一个换鞋的平台。它的长度和宽度相对来说没有太多的限制，可以随意一些。选择较短的凳子可以节省空间，选择较长的凳子可以更好地利用凳子内部空间收纳鞋子 |
| 玄关桌  | 玄关桌的装饰性往往大于实用性，如果玄关面积够大，又强调装饰效果，可以选用大一点的玄关桌，让玄关空间显得更加雅致 |
| 衣帽柜  | 合理的门厅衣帽柜设计可以让脱衣换鞋挂帽变得更加方便快捷，同时可以将入户区域空间得到合理利用，是整个空间装饰效果中的画龙点睛部位 |

# 玄关家具摆放方法

### 门厅型玄关

门厅型的玄关以中大户型较多。一个自成一体的门厅区域显得大气庄重，因此不宜放置鞋柜，而建议保留空间感。这个时候，选一款精致的玄关桌或者有品位的收纳型矮柜，可以很好地兼顾美观展示和实用的需求。

### 影壁型的玄关

影壁型的玄关是指开门之后面对的是墙面，内室需向左或右侧走。这种格局想要做好玄关，就得注意如何最大限度地降低门与墙之前的拥堵感，利用贴墙的优势，可以做一个到顶式的玄关柜。这样就可以最大限度地增加储物空间，而且玄关处也比较整体。

### 走廊型的玄关

走廊型玄关比较常见，门与室内直接相通，中间经过一段距离。因为纵深的空间感，不妨好好利用两侧的空间。这个时候，嵌入式玄关收纳柜就会极其实用，庞大的收纳空间可以很好地容纳鞋子和各种杂物。

## 玄关鞋柜的尺寸标准

#### 根据鞋子尺寸确定玄关柜深度

男女鞋的尺寸不同，差异较大。但是按照正常人的尺寸，一般不会超过 300 毫米。因此鞋柜深度一般在 350~400 毫米，让大鞋子也能够放得进去，而且恰好能将鞋柜门关上，不会突出层板，显得过于突兀。

#### 根据所放物品确定玄关柜深度

很多人买鞋不喜欢丢掉鞋盒，直接将鞋盒放进鞋柜里面。如果这样，鞋柜深度尺寸就应该在 380~400 毫米。在设计规划及定制鞋柜前，一定要先丈量好使用者的鞋盒尺寸作为鞋柜深度尺寸依据。如何还想在鞋柜里面摆放其他的一些物品，如吸尘器、手提包等，深度则必须在 400 毫米以上才能使用。

#### 设置活动层板增加实用性

鞋柜层板间高度通常设定在 150 毫米左右，但为了满足男女鞋高低的落差，在设计时候，可以在两块层板之间多加些层板粒，将层板设计为活动层板，让层板可以根据鞋子的高度来调整间距。

# 卧室——休憩空间

卧室是家居空间中私密性最强的，也是限制最小、最为个性的地方，需要营造良好的睡眠环境，使人感觉温馨、舒适。家具的布置除了满足睡眠的需求，还应具备一定的储物功能。卧室是休息的地方，安静和舒适是首要原则。同一房间中的家具色彩不宜过多，忌花里胡哨，从而影响睡眠质量。同时，要根据卧室面积的大小，合理搭配家具。不能将大家具放在小屋内，这样容易使房屋比重失调，让卧室空间缺乏舒适感。

## 卧室可以分区域进行软装布置

◎睡眠区：放置床、床头柜和照明设施的地方，这个区域的家具越少越好，可以减少压迫感，扩大空间感。

◎梳妆区：由梳妆台构成，周围不宜有太多的家具包围，要保证有良好的照明效果。

◎休息区：放置沙发、茶几、音响等家具的地方，其中可以多放一些绿色植物，不要用太杂的颜色。

◎阅读区：卧室面积较大的房型，可以放置书桌、书橱等家具，其位置应该在房间中最安静的角落，这样才能让人安心阅读。

干净柔和的卧室环境，能令睡眠更加舒适

| 家具名称 | 家具介绍 |
|---|---|
| 床 | 床的作用是让人躺在上面休息，不仅具备实用性，也是装饰品。床的种类有平板床、四柱床、双层床、日床等 |
| 床尾凳 | 床尾凳是摆放在床尾的长条形凳子，除了可以摆放衣服外，还可以供友人在上面交谈，具有较强的装饰性和少量的实用性 |
| 衣柜 | 衣柜是卧室中比较占位置的一种家具，根据空间特征定制衣柜，能够突破不规则房型、小户型面积等限制，合理布置格局的同时，最大限度的节省空间 |
| 床头柜 | 床头柜是放在床头两侧可供存放杂品用的家具，属于近现代家具产品。上面可以摆放相框、鲜花或者台灯等 |
| 梳妆台 | 用来化妆和摆放、收纳化妆用具的家具。分为独立式和组合式。组合式是与其他家具组合在一起的款式，适合大空间 |
| 休闲椅 | 休闲椅是平常享受闲暇时光用的椅子。这种椅子不像其他椅子那样正式，通常在材料或者色彩、外形设计上有一些小个性 |

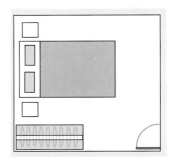

# 卧室家具摆放方法

## 正方形小卧室

一般 10 平方米大的卧室，床可以放中间，将衣柜的位置设计在床的一侧，两边留 50 厘米左右的空间才足够。10 平方米大的卧室要采用双人床的话，要预留三边的走动空间，这种摆设比较容易。

### 横长形小卧室

若卧室小于 10 平方米，则建议将床靠墙摆放，衣柜靠短的那面墙摆放，这样可以节省出放置梳妆台或是书桌的空间。同时，床底是很好的收纳空间，可用来存放棉被等物品，做到把收纳归于无形，避免因为太多杂物而干扰动线。

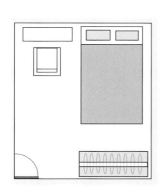

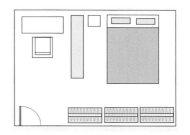

### 横长形大卧室

若卧室的空间超过 16 平方米，可把衣帽间规划在卧室角落或是卧室与浴室间的畸零空间里；也可利用 16 平方米的大卧室隔出读书空间，写字台和床之间用书架隔开，区隔用的书架高度为 150 厘米左右，不可做得太高，令人产生压抑感。

# 书房——学习空间

书房是用来学习、阅读以及办公的地方，家具布置要求简洁、明净。常用的家具有书桌、椅子、书柜、角几、单人沙发。与客厅等空间不同的是，书房是具有一定学术性的，因此，家具适宜整套选购，不宜过于杂乱，过于休闲。

*清爽的蓝色搭配实木材质的书房，容易令读书者静心*

## 书房要合理布置收纳柜

书房除了学习看书的功能之外，还应该强调它的储物收纳功能，包括书籍的存放和其他收藏品的存放等等，而且还要保证经常取用的物件置于方便取用的位置。比如，经常看的书籍可以专门安置一个临近书桌或看书沙发的壁式书架放置，大型书柜要靠墙放置，尽量做到节约空间。

*开放性的书房方便拿取书籍和展示工艺品*

大型的实木书柜靠墙放置，令空间更规整

| 家具名称 | | 家具介绍 |
|---|---|---|
| 书桌 |  | 书桌指供书写或阅读用的桌子，通常配有抽屉。最常见的单人书桌，一般高度在75厘米左右是比较符合我国成年人使用的 |
| 工作椅 |  | 与书桌配套使用，让使用者能够坐着在书桌上工作的椅子。建议选择与书桌成套的产品。单独搭配建议风格、色彩或材质上能够统一 |
| 书柜 |  | 用来收纳、整理图书的家具。可分为封闭式和开敞式两种类型，古典风格多用封闭式，现代风格多用开敞式 |
| 休闲沙发 |  | 坐在沙发上交谈要比坐在椅子上感觉更为舒适、自在一些。当书房的空间足够宽敞且经常有交谈的需要时，建议在书桌对面摆放两个单人沙发或一个双人沙发 |

# 书房家具摆放方法

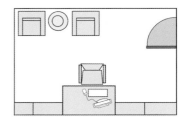

## 一字型

一字型摆放是最节省空间的形式，一般书桌摆在书柜中间或靠近窗户的一边，这种摆放形式令空间更简洁时尚，一般搭配简洁造型的书房家具。

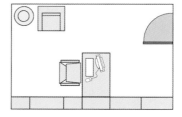

## T 型

将书柜布满整个墙面，书柜中部延伸出书桌，而书桌却与另一面墙之间保持一定距离，成为通道。这种布置适合于藏书较多，开间较窄的书房。

## L 型

书桌靠窗放置，而书柜放在边侧墙处，这样的摆放方式可以方便书籍取阅，同时中间预留的空间较大，可以作为休闲娱乐区使用。

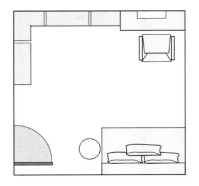

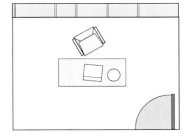

## 并列型

墙面满铺书柜，作为书桌后的背景，而侧墙开窗，使自然光线均匀投射到书桌上，清晰明朗，采光性强，但取书时需转身，也可使用转椅。

# 厨房——烹饪空间

厨房的功能决定了它是居家环境中最易"脏、乱、差"的地方。如何让厨房美观整洁，是厨房设计中除功能便捷以外的另一重要目的。要充分利用空间，利用台柜、吊柜等，给锅、碗、瓢、盆找一个相对妥善的收纳空间。厨房里的碗柜最好做成推拉式抽屉，既方便取放，视觉也较好。另外，厨房所用软装材质首先要重防火、抗热、耐擦洗。

清新的海洋色调令烹饪不再沉闷

# 厨房家具摆放方法

### 一字型

在厨房一侧布置橱柜等设备，功能紧凑，能方便合理地提供烹调所需空间，以水池为中心，在左右两边分开操作，可用于开间较窄的厨房。

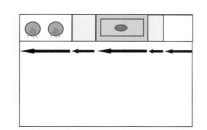

### 对面型

又称为并列型厨房，沿厨房两侧较长的墙并列布置橱柜，将水槽、燃气灶、操作台设为一边，将配餐台、储藏柜、冰箱等电器设备设为另一边。这种方式可减少来回走动次数，提高厨房工作效率，经济合理，但有时在操作中需要来回转身，略有不便。

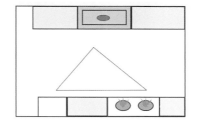

### L 型

　　将台柜、设备贴在相邻墙上连续布置，一般会将水槽设在靠窗台处，而灶台设在贴墙处，上方挂置抽油烟机。这种形式较符合厨房操作流程，从水槽到灶台之间使用 L 形台面连接，转角浮动较小，结构紧凑，一般用于长宽相似的封闭型厨房。

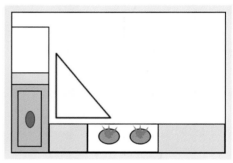

### U 型

　　将厨房相邻三面墙均设置橱柜及设备，相互连贯，操作台面长，储藏空间充足，橱柜围合而产生的空间可供使用者站立，左右转身灵活方便。一般适用于面积较大、长宽相似的方形厨房。

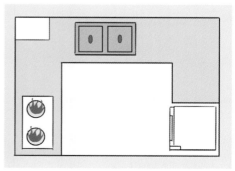

### 岛型

在较为开阔的 U 型或 L 型厨房的中央，设置一个独立的灶台或餐台，四周预留可供人流通的走道空间。在中央独立的厨柜上可单独设置一些其他设施，如灶台、水槽、烤箱等，也可将岛形橱柜作为餐台使用。

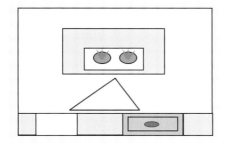

### T 型

在 U 型的基础上改制而成，将某一边贴墙的橱柜向中间延伸突出一个台柜结构，此结构可作为灶台或餐台使用，其他方面与 U 型基本相似。一般用于面积较大的开敞式厨房，又称为餐式厨房。

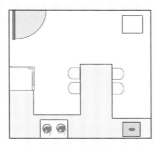

# 卫浴——洗漱空间

卫浴间的软装搭配基本上以方便、安全、易于清洗及美观得体为主。由于卫浴间是家里用水最多的地方，因此其使用的材料防潮性非常关键。在卫生间灯具的选择上，应以具有可靠的防水性与安全性的玻璃或塑料密封灯具为宜。在灯饰的造型上，可根据自己的兴趣与爱好选择，但在安装时不宜过多，不可太低，以免累赘或发生溅水、碰撞等意外。

玻璃饰品晶莹剔，透非常适合卫浴间摆设　　　　艳丽色调的布艺与金色水龙头彰显出卫浴间的低调奢华感

### 半套浴室

这种空间通常较小，但是坐便器也不能正对门摆放，也不能放在浴缸旁边，尽量规划在门后或是墙边角落，同时应注意坐便器旁边的空间最少要保持 70 厘米以上。卫浴空间的动线要考虑以圆形为主，将主要动线留在洗脸台前，其他地方只要能保证正常通行即可。

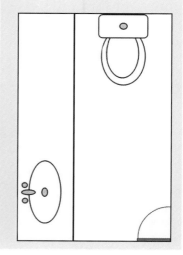

### 双台面浴室

长方形的卫浴空间相对来说方便分隔，可以把洗手台放在门后。如若空间允许，可延伸成双洗手台设计，浴缸则放在另外一侧，中间位置就相对空旷了，可以靠近浴缸一侧摆放坐便器。一般浴缸尺寸长为 150~180 厘米，宽约 80 厘米，高度为 50~60 厘米，而洗手台的宽度至少要 100 厘米，规划时要注意尺寸丈量的问题。

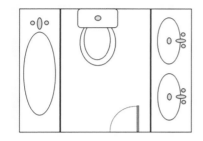

### 四件式浴室

若浴室空间较大，超过 16 平方米，除了坐便器、洗脸台、浴缸外，还可以规划出独立的淋浴区，做到干湿分离，这样使用起来会更加方便。相对于正方形浴室，长方形浴室更适合四件式浴室规划，建议将坐便器及洗脸台规划成同一列，浴缸及淋浴区则为另一列，这样不但节省空间，动线使用也更为流畅。

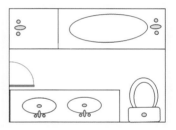

## 现代风格的软装设计

现代风格即现代主义风格，提倡突破传统，创造革新，重视功能和空间组织，注重发挥结构构成本身的形式美，造型简洁，反对多余装饰，崇尚合理的构成工艺；强调设计与工业生产的联系。现代风格具有时代特色，其装饰体现功能性和理性，在简单的设计中，也可以感受到个性的构思。材料一般用人造装饰板、玻璃、皮革、金属、塑料等；用直线表现现代的功能美。

## 软装材质

### 广泛的新型材质

现代风格的软装在选材上较为广泛，如不锈钢、合金、铁艺、大理石等，也经常作为室内装饰及家具设计的主要材料出现。另外，玻璃材质可以表现出现代时尚的家居氛围，因此同样受到现代风格的欢迎。

## 软装家具

### 造型茶几

在现代风格的客厅中，除了运用材料、色彩等技巧营造格调之外，还可以选择造型感极强的茶几作为装点的元素。此种手法不仅简单易操作，还能大大地提升房间的现代感。

### 线条简练的板式家具

板式家具简洁明快、新潮，布置灵活，价格容易选择，是家具市场的主流。而现代风格追求造型简洁的特性使板式家具成为此风格的最佳搭配，其中以茶几和电视背景墙的装饰柜为主。

## 软装色彩

### 个性无色系

现代风格室内软装饰的造型线条明确，用色大胆、前卫、个性。装饰的色彩经常以棕色系列（浅茶色、棕色、象牙色）或无色系色彩（白色、灰色、黑色、银色、金色）等中间色为基调色。其中，白色最能表现现代风格的简单。另外，黑色、银色、灰色亦能展现现代风格的明快与冷调。

### 对比色

强烈的对比色，可以创造出特立独行的个人风格，也可以令家居环境尽显时尚与活泼。配色时，可以采用不同颜色的涂料与空间中的家具、配饰等形成对比，最终打破家居空间的单调感。

# 软装饰品

## 带有时代特征的饰品

现代风格在装饰品的选择上较为多样化，只要是能体现出时代特征的物品皆可。例如，带有造型感的灯具、抽象而时尚的装饰画，甚至是另类的装饰物品等。装饰品的材质同样延续了硬装材质，像玻璃、金属等，均运用得十分广泛。

### 软装材质

⊙ 铁艺 / 不锈钢

⊙ 大理石

⊙ 玻璃

### 软装色彩

⊙ 黑 + 白 + 灰

⊙ 灰色系

⊙ 多色相对比

### 软装家具

⊙ 线条简练的板式家具

⊙ 造型茶几

⊙ 素色布艺沙发

### 软装饰品

⊙ 无框画

⊙ 时尚灯具

⊙ 金属 / 玻璃类工艺品

## 软装实例解析

↑ 本案以黑色的真皮沙发搭配灰色系地毯。无论是款式和色彩都体现现代风设计，黑白相间的抱枕与金属落地灯相呼应，极具时尚感

↑ 金属装饰是现代前卫风格的代表元素，拉丝不锈钢材质的茶几，靓丽的黄色座椅，都具有十足的现代前卫感。这种前卫体现在精致的质感和做工上，并不一定体现在夸张的色彩或造型上

↑本案从软装的质感及颜色两方面来体现现代风格的特点，例如黄色系的布艺沙发、金属果盘以及粉色系的造型座椅

↑以简洁的布艺沙发搭配木质的造型茶几，无规律的搭配形式也是现代风格的一个特点。蓝色的抱枕
丰富了空间层次感并增添艺术感

↑抽象的挂画与大理石结合，呈现出干净利落的现代风

↑一些饱和度高的色彩，搭配上黑色的真皮家具很容易塑造出前卫的感觉

↑设计师将展现低调的艺术性作为了餐厅的设计主旨，灰棕色的皮质沙发与银色的吊灯彰显时尚气息

↑黑色墙面单独使用会显沉闷，搭配卡通墙绘，把现代风格的随性表现出来

# 简约风格的软装设计

简约风格体现在软装设计上的细节把握。对比是简约装修中惯用的设计方式。在强烈反差中获得鲜明对比，求得互补和满足的效果。简约风格用流行色来装点空间，突出流行趋势。此外，选择浅色系的家具，使用白色、灰色、蓝色、棕色等自然色彩，结合自然主义的主题，设计灵活的多功能家居空间，这也是简约风格的软装精髓。

## 软装材质

### 浅色木纹制品

浅色木纹制品干净、自然，尤其是原木纹材质，看上去清新典雅，给人以返璞归真之感，和简约风格摆脱繁琐、复杂，追求简单和自然的理念非常契合。

### 简洁的布艺

简约风格适合搭配外形简洁、利落而颜色单一的布艺。不花哨的几何花纹款式也不错。另外，沙发上抱枕颜色可与沙发主体形成一定的对比，款式不宜超过三种，以免显得凌乱。

## 软装色彩

### 白色 + 黑色

在简约风格的居室中，用白色加黑色的色彩搭配方法，也是经常会用到的。具体来说，面积稍大的客厅可以将白色装饰的面积占据整体空间面积的 80%～90%，黑色只占 10%～20% 即可；面积低于 20 平方米的客厅，则可以将黑色装饰扩大到占整体面积 30%，白色占 70%。此外，也可以用 60% 的黑搭 20% 的白、20% 的灰，这样的搭配更显优雅气质。

### 高纯度色彩点缀

高纯度色彩是指在基础色中不加入或少加入中性色而得出的色彩。纯度越高，居室越明亮。但应注意，使用高纯度的色彩时，应合理搭配。使用一种颜色为主角色，其他的作为配角色和点缀色即可。同时，一个区域最好不要超过三种颜色。

## 软装家具

### 多功能家具

多功能家具是一种在具备传统家具初始功能的基础上，实现其他新设功能的家具类产品，是对家具的再设计。例如，在简约风格的居室中，可以选择能用作床的沙发、具有收纳功能的茶几和岛台等，这些家具为生活提供了便利。

## 软装饰品

### 凸显简约、个性饰品

由于简约家居风格的线条简单、装饰元素少，因此，软装到位是简约风格家居装饰的关键。配饰选择应尽量简约，没有必要为了显得"阔绰"而放置一些较大体积的物品，尽量以实用方便为主；此外，简约家居中的陈列品设置应尽量突出个性和美感，如舒适的纯色地毯、个性的瓷盘挂饰、抽象艺术画等。

## 软装材质

⊙ 浅色木纹

⊙ 简洁的布艺

⊙ 镜面 / 烤漆玻璃

## 软装色彩

⊙ 白色 + 黑色

⊙ 单一色调

⊙ 纯色点缀

## 软装家具

⊙ 线条简练的板式家具

⊙ 直线条家具

⊙ 多功能家具

## 软装饰品

⊙ 纯色地毯

⊙ 抽象艺术画

⊙ 瓷盘挂饰

# 软装实例解析

↑简约风格强调干净、整洁，因此收纳性强的家具是客厅的宠儿，令小物件也有了安身之所

↑抽象艺术画令白色系的简约客厅呈现出自然的活力

↑纯色的簇绒地毯与低矮的直线条家具结合，呈现出简约、宽敞的视觉效果

↑简约讲究少即是多，色彩搭配也呼应这一原则。在白色的主色调中加入淡绿色系的布艺沙发，令客厅具有明快、舒适感

←多功能的烤漆茶几与
纯色调的布艺沙发塑造
出活泼、清新感的简约
客厅

←如果感觉黑白灰的组
合有些单调，加入纯色
调的对比色软装，维持
简约感的同时也可令空
间更具灵活性

↓大面积色块和几何造
型的家具，令空间简约
而不简单

# 北欧风格的软装设计

北欧风格以简洁著称于世，并影响到后来的"极简主义""后现代"等风格。常用的软装材料主要有木材、石材、玻璃和铁艺等，都无一例外地保留这些材质的原始质感。北欧风格的装饰非常注重个人品位和个性化格调，饰品不会很多，但很精致。同时，北欧风格的家居，以浅淡的色彩、洁净的清爽感，让居家空间得以彻底降温。

## 软装材质

### 柔和的天然材料

天然材料是北欧风格室内装修的灵魂，如木材、板材等，其本身所具有的柔和色彩、细密质感以及天然纹理非常自然地融入到家居设计之中，展现出一种朴素、清新的原始之美，代表着独特的北欧风格。

## 软装色彩

### 浅色系或天然木色

北欧风格的家居在用色上偏爱浅色调，这些浅色调往往要和木色相搭配，创造出舒适的居住氛围，也体现出北欧风格自然与素雅的氛围。

### 淡雅中性色

北欧风格色彩搭配之所以令人印象深刻，是因为它总能获得令人视觉舒服的效果——多使用中性色进行柔和过渡，即使用黑白灰营造强烈效果，也总有稳定空间的元素打破它的视觉膨胀感，比如用素色家具或中性色软装来压制。

## 软装家具

### 符合人体曲线的家具

"以人为本"是北欧家具设计的精髓。北欧家具不仅追求造型美，更注重从人体结构出发，讲究它的曲线如何在与人体接触时达到完美的结合。它突破了工艺、技术僵硬的理念，融进人的主体意识，从而变得充满理性。

## 软装饰品

### 照片墙

在北欧风格中，照片墙的出现频率较高，其轻松、灵动的身姿可以为北欧家居带来律动感。有别于其他风格的是，北欧风格中的照片墙、相框往往采用木质，这样才能和本身的风格达到协调统一。

### 线条简洁的壁炉

壁炉是欧式家居中经常用到的装饰元素，北欧风格也不例外。有别于欧式古典风格，北欧风格家居中的壁炉线条都很简单，质感细腻，摒弃了一切无用的细节，保留着生活最本真、最纯粹的部分，而且主要起到装饰作用，可直接安装。

### 小型盆栽

北欧风格的家居在装饰上往往比较简洁，但是小型盆栽却是北欧家居中经常出现的装饰物。这不仅契合了北欧家居追求自然的理念，也可以令家居容颜更加清爽。

## 软装材质

⊙ 原木

⊙ 藤竹

⊙ 雕花铁艺

## 软装色彩

⊙ 白色调

⊙ 浅色 + 木色

⊙ 淡雅中性色

## 软装家具

⊙ 素色沙发

⊙ 带有收纳功能的家具

⊙ 曲线藤竹家具

## 软装饰品

⊙ 照片墙

⊙ 线条简洁的壁炉

⊙ 小型盆栽

# 软装实例解析

↑流线型的座椅充分符合了人体曲线，带给人舒适的感受。蓝色和红色的撞色搭配给空间带来别样的活力

白色水泥墙奠定了冰雪神话般的北欧王国，简练的家具则点缀出空间的淡雅清新气氛

↓线条简约的壁炉燃烧着热烈的火焰，把客厅的热闹气氛调动起来

→浅淡的中性色与
舒适的布艺结合，
令空间更加清爽、
明亮

→灰色调布艺沙发
和原木色相搭配，
创造出舒适的居住
氛围，也体现出北
欧风格自然与素雅
的诉求

# 中式古典风格的软装设计

中式古典风格是以宫廷建筑为代表的中国古典建筑的室内装饰设计艺术风格。布局设计严格遵循均衡对称原则，家具的选用与摆放是其中最主要的内容。传统家具多选用名贵硬木精制而成，一般分为明式家具和清式家具两大类。中式风格的墙面装饰可简可繁，华丽的木雕制品及书法绘画作品均能展现传统文化的人文内涵，是墙饰的首选；通常使用对称的隔扇或月亮门状的透雕隔断分隔功能空间；陶瓷、灯具等饰品一般成双使用并对称放置。

## 软装材质

### 重色木材

在中国古典风格的家居中，木材的使用比例非常高，而且多为重色，例如黑胡桃、柚木、沙比利等。为了避免沉闷感，其他部分适合搭配浅色系，如米色、白色、浅黄色等，以减轻木质的沉闷感，从而使人觉得轻快一些。

## 软装色彩

### 中国红

红色对于中国人来说象征着吉祥、喜庆，传达着美好的寓意。在中式古典风格的家居中，这种鲜艳的颜色被广泛用于室内色彩之中，代表着主人对美好生活的期许。

### 黄色系

黄色系在古代作为皇家的象征，如今也广泛地用于中国古典风格的家居中；并且，黄色有着金色的光芒，象征着财富和权力，是骄傲的色彩。

## 软装家具

### 明清家具

明清家具同中国古代其他艺术品一样，不仅具有深厚的历史文化艺术底蕴，而且具有典雅、实用的功能。如圈椅、无雕花架子床、案类家具、榻、博古架等都是经常出现的明清家具类型。可以说，在中式古典风格中，明清家具是一定要出现的元素。

## 软装饰品

### 宫灯

宫灯是中国彩灯中富有特色的汉民族传统手工艺品之一，主要是以细木为骨架，镶以绢纱和玻璃，并在外绘以各种图案的彩绘灯。它充满宫廷的气派，可以令中式古典风格的家居显得雍容华贵。

### 木雕花壁挂

在中式古典风格的家居中，木雕花壁挂的运用也比较广泛。这种装饰具有文化韵味和独特风格，可以体现出中国传统家居文化的独特魅力。

### 镂空类造型

镂空类造型如窗棂、花格等可谓是中式的灵魂，常用的有回字纹、冰裂纹等。中式古典风格的居室中，这些元素可谓随处可见，如运用于电视墙、门窗等，也可以设计成屏风，令居室具有丰富的层次感，也能立刻为居室增添古典韵味。

## 软装材质

⊙ 重色木材

⊙ 深棕色藤竹

⊙ 丝绸

## 软装色彩

⊙ 中国红

⊙ 黄色系

⊙ 蓝色 + 黑色

## 软装家具

⊙ 圈椅

⊙ 架子床

⊙ 榻

## 软装饰品

⊙ 宫灯

⊙ 木雕花壁挂

⊙ 镂空类造型

## 软装实例解析

↑具有禅意的背景墙，大气的新中式家具烘托出了古雅的氛围

→明式家具与书法和窗外的绿植相互映衬，表达空间与功能的趣味感

→客厅以典型的古典中式家具为主，而后搭配几件小一些黄色系布艺软装、就可以简单地塑造出主题风格

→垭口做成了仿古窗格式的镂空月亮门，厚重而具有浓郁的中式韵味。相对的餐厅中的软装无论造型还是材质都比较现代，避免了沉闷感

←本案家具采
用了官帽椅和条
形餐桌，用中式
代表元素来强化
装饰主题。桌
面上用具有传
统韵味的深红
色桌旗，搭配
红白结合的餐
具和绿白结合
的花艺，既古
典，又具有低
调的华丽感

←餐厅的软装
色彩搭配以简
洁为主，更多
的用造型来展
现中式特点，
使整体空间呈
现出具有现代
感的利落中式
韵味

↑用中式条案搭配一组古朴而又精美的陶瓷
艺术品

↑带有中式花格以及仿旧锁的装饰柜搭配后
方的中式隔断

## 大面积色块灵动划分空间

　　中式古典风格的传统室内陈
设追求的是一种修身养性的生活
境界，在装饰细节上崇尚自然情
趣。花鸟、鱼虫等精雕细琢，富
于变化，充分体现出中国传统美
学精神。配饰善用字画、古玩、
卷轴、盆景、精致的工艺品加以
点缀，更显业主的品位与尊贵。

→本案的软装布置透着简约和惬意，
直线条的家具蓝色系的背景进行碰撞，
而后加入带有传统图案的靠枕，强化
了视觉冲击力

# 新中式风格的软装设计

新中式风格是作为传统中式家居风格的现代生活理念，通过提取传统家居的精华元素和生活符号进行合理的搭配、布局，在整体的软装设计中既有中式家居的传统韵味又更多地符合了现代人居住的生活特点。"新中式"风格不是纯粹的元素堆砌，而是通过对传统文化的认识，将现代元素和传统元素结合在一起，以现代人的审美需求来打造富有传统韵味的事物，让传统艺术的脉络传承下去。

## 软装材质

### 实木

新中式风格讲究实木本身的纹理与现代先进工艺材料相结合，不再强调大面积的设计与使用，如回字形吊顶一圈细长的实木线条，或客厅沙发选用布艺或皮质，而茶几采用木质等。

### 中式花纹布艺

具有中式图案的布艺织物能打造出高品质的中式唯美情调。印有花鸟、蝴蝶、团花等传统刺绣图案的抱枕摆放在素色沙发上，就呈现出浓郁的中国风。

### 竹木

竹，在中国是一种拥有深厚文化底蕴的植物，它不仅被古人赋予了丰富的文化内涵，在现代更是一种常见的家具材料。竹木家具最大限度地保留了天然竹材的平行直纹和竹节的结棱结构，令新中式风格更贴近自然。

## 软装色彩

### 淡雅色调为主

新中式风格的家居色彩相对于中式古典风格沉稳、厚重的色彩，而显得较为淡雅。白色系被大量地运用，一些墙面可以选择用亮色作为跳色，但不适合整个空间都使用。另外，木色系、蓝、绿色系在新中式风格中也会被广泛运用，以

浅木色为主。

## 软装家具

### 线条简练的中式家具

新中式的家居风格中，庄重繁复的明清家具的使用率减少，取而代之的是线条简单的中式家具，如简练的圈椅、无雕花架子床、简约化的博古架、现代家具＋明清家具结合等，体现了新中式风格既遵循着传统美感，又加入了现代生活简洁的理念。

## 软装饰品

### 中式仿古灯

中式仿古灯更强调古典和传统文化神韵的再现，装饰多以镂空或雕刻的木材、半透明的纱、黑色铁艺、玻璃为主，图案多为清明上河图、如意图、龙凤等中式元素，宁静而古朴。

### 瓷器

在新中式风格的家居中，摆上几件古朴的瓷器，可以令家居环境的韵味十足，也将中国文化的精髓满溢于整个居室空间。

### 茶具

饮茶为中国人喜爱的一种生活形式，在新中式家居中摆放茶具，可以传递雅致的生活态度。同时，选购的整套茶具要和居室的氛围相和谐，容积和重量的比例恰当。

## 软装材质

⊙ 浅色实木

⊙ 中式花纹布艺

⊙ 竹木

## 软装色彩

⊙ 无色系 + 蓝色 / 绿色

⊙ 红棕色 + 白色

⊙ 黄色系

## 软装家具

⊙ 线条简练的中式家具

⊙ 现代家具 + 清式家具

⊙ 无雕花架子床

## 软装饰品

⊙ 中式仿古灯

⊙ 瓷器

⊙ 茶具

## 软装实例解析

↑镂空造型的隔断清幽雅致，令新中式风格更有进深层次

↑红棕色的家具与灰色调的布艺沙发搭配，彰显一种带有柔和感的中式底蕴

→设计师以绿色、黄色系的饰品来塑造中式典雅感，其中，白色系沙发的使用增添了清爽感，同时奠定了空间的主色调

→客厅空间足够大且采光佳，用白色与深色系的中式家具搭配，彰显文雅与历史感的同时，也不会让人觉得沉闷

→挂画印有水墨荷花图，其清新典雅的格调被古人盛赞，也广泛用于新中式风格中；山水画的布艺沙发与中式仿古灯彰显出客厅的大气之感

→新中式与中式古典风格相比，配色不再过于严肃，神似而不完全形似，更适合现代人的生活需求。简约化的中式家具，加入一些蓝色、黄色系饰品，能够使氛围更舒适、层次更丰富

→在白色、灰色的主色调中，加入清雅的挂画，素雅而具有古典韵味

↓浅色的原木材质的沙发既舒适，又不会过于沉闷，非常适合新中式风格使用

↑大面积的淡雅色调略显单调，搭配水墨的挂画和山水图沙发，意境高远，展现出新中式风格的古典韵味

# 法式风格的软装设计

法式风格室内推崇优雅、高贵和浪漫，它是一种基于对理想情景的考虑，追求装饰的诗意，力求在气质上给人深度的感染。法式风格比较注重营造空间的流畅感和系列化，很注重色彩和元素的搭配。古董、蓝色、黄色、植物以及自然饰品是法式风格的装饰，而在细节处理上运用了法式廊柱、雕花、线条，制作工艺精细考究。

## 软装材质

### 淡雅的对比色

法式风格还可以使用较为明快淡雅的对比色调，如象牙白、孔雀蓝、金色、橙色、粉红等撞色系的软装搭配，而在雕花家具、橙色的罗马帘、水晶吊灯、法式花器的搭配下，浪漫清新之感扑面而来。

## 软装家具

### 舒适、唯美的家具

法式田园风格是最具有浓郁的人文风情和家居生活特征的代表之一。在家具的选择上，喜欢舒适、唯美的家具，如尖腿家具、描金漆家具、华丽的织锦缎家具等；在细节方面，可以使用自然材质家具，充分体现出自然的质感。此外，一些仿法式宫廷风格的家具，在条件允许的情况下，也可以选择使用。

## 软装饰品

### 法式花器

法式花器的色彩往往高贵典雅，图案柔美浪漫，器形古朴大气，质感厚重，色彩热烈。在法式田园风格的家居中既可以单独随意摆放，也可以插上高枝的仿真花，或者自己动手随意搭配几朵鲜花，无不令室内气氛呈现出优雅、生动的美感。

### 雕花／镀金装饰品

法式田园风格的软装饰品多涂上靓丽的色彩或雕琢精美的花卉。这些经过现代工艺的雕琢与升华的工艺品，可以体现出法式田园的清新淡雅。

## 软装材质

⊙ 洗白雕花木质

⊙ 青铜

⊙ 锦缎刺绣

## 软装色彩

⊙ 金色系 + 浅绿色

⊙ 淡蓝色 + 白色

⊙ 孔雀蓝 + 金色

## 软装家具

⊙ 尖腿家具

⊙ 描金漆家具

⊙ 织锦缎家具

## 软装饰品

⊙ 树脂饰品

⊙ 法式花器

⊙ 法式水晶灯

## 软装实例解析

↑精美艳丽的法式工艺品在原始自然的木质衬托下，显得更为清雅脱俗

↑天然的装饰品与小型花卉令客厅呈现出法式田园风格的惬意感受

↑ 抢眼的古典雕花细节与描金的家具，呈现皇室贵族般的品位

↑ 温润的白色系大理石与描金的家具组合，彰显出法式宫廷的豪华气氛

↑蓝色系的镀金沙发精巧唯美，撞色搭配的窗帘点缀出客厅的浪漫感

↑法式软装家具常用洗白处理与华丽配色。洗白手法传达法式乡村特有的内敛特质与风情

←色彩热烈的沙发与抱枕为对比色，搭配唯美的法式花器，令室内气氛呈现出优雅、生动的美感

客厅家具具有柔婉、优美的回旋曲线，精细、纤巧的雕刻装饰，再配以豪华的法式水晶吊顶，实现了艺术与功能的完美统一

# 欧式古典风格的软装设计

欧洲古典风格在经历了古希腊、古罗马的洗礼之后，形成了以柱式、拱券、山花、雕塑为主要构件的石构造装饰风格。空间软装上追求连续性，追求形体的变化和层次感。室内外色彩鲜艳，光影变化丰富；室内多用带有图案的地毯、窗帘、床罩及帐幔以及古典式装饰画或物件；为体现华丽的风格，家具、门、窗多漆成白色，家具、画框的线条部位饰以金线、金边。欧式古典风格追求华丽、高雅，典雅中透着高贵，深沉里显露豪华，具有很强的文化韵味和历史内涵。

## 软装材质

### 软包

软包是指一种在表面用柔性材料加以包装的装饰方法，所使用的材料质地柔软，造型很立体，能够柔化整体空间的氛围，一般可用于家具中的沙发、椅子、床头等位置。其纵深的立体感亦能提升家居档次，因此也是欧式古典家居中常用到的装饰材料。

### 雕花实木

欧式古典风格的家具以雕花实木材质为主，常用的材料有橡木、桃花心木、胡桃木、蟹木楝等名贵材质，完美体现欧美家具厚重耐用的特质。雕刻部分采用圆雕、浮雕或是透雕，尊贵典雅，融入了浓厚的欧洲古典文化。

### 天鹅绒

天鹅绒是以绒经在织物表面构成绒圈或绒毛的丝织物名。它材质细密，高贵华丽，与欧式古典风格非常契合，因此常用作欧式古典风格的沙发套、床品、窗帘、桌旗等。

## 软装色彩

### 黄色 / 金色 / 棕红色

在色彩上，欧式古典风格经常运用明黄、金色等古典常用色来渲染空间氛围，搭配红棕色的实木，可以营造出富丽堂皇的效果，表现出古典欧式风格的华贵气质。

## 软装家具

### 造型复杂的兽腿家具

欧式家具的做工较为精美，轮廓和转折部分由对称而富有节奏感的曲线或曲面构成，并装饰镀金铜饰，艺术感强。运用较多的为兽腿家具。其繁复流畅的雕花，可以增强家具的流动感，也可以令家居环境更具质感，更表达了一种对古典艺术美的崇拜与尊敬。

## 软装饰品

### 西洋画

在欧式古典风格的家居空间里，可以选择用西洋画来装饰空间，其中以油画为主，特点是颜料色彩丰富鲜艳，能够充分表现物体的质感，使描绘对象显得逼真可信，具有很强的艺术表现力，可以营造出浓郁的艺术氛围，表现业主的文化涵养。

### 罗马帘

罗马帘是窗帘装饰中的一种，是将面料中贯穿横竿，使面料质地显得硬挺，充分发挥了面料的质感。罗马帘的种类很多，其中欧式古典罗马帘自中间向左右分出两条大的波浪形线条，是一种富于浪漫色彩的款式，其装饰效果非常华丽，可以为家居增添一分高雅古朴之美。

### 雕像

欧洲雕像有很多著名的作品，在某种程度上，可以说它们承载了一部西方文明史。因此，一些仿制的雕像作品也被广泛地运用于欧式古典风格的家居中，体现出一种文化与传承。

## 软装材质

⊙ 软包

⊙ 雕花实木

⊙ 天鹅绒

## 软装色彩

⊙ 红棕色 + 金色

⊙ 青蓝色 + 红棕色

⊙ 黄色系

## 软装家具

⊙ 欧式四柱床

⊙ 欧式床尾凳

⊙ 贵妃椅

## 软装饰品

⊙ 西洋画

⊙ 罗马帘

⊙ 雕塑

# 软装实例解析

↑ 实木材质的家具古朴雅致，提升空间品位

↑ 实木与青砖奠定空间的质朴感，青铜材质的雕塑则显示出古典欧式的气派

↑整体金色系的空间显示出欧式古典风格的富贵气质，大型绿植的点缀则化解空间的沉闷，为室内空间带来一丝凉爽

←软装饰色彩的搭配采用经典配色方式，款式上选择具有明显欧式特点的。少量加入了一点银灰色，为欧式客厅增添一丝时尚感

## 欧式古典风格家具造型复杂

　　欧式家具的做工较为精美，艺术感强。鲜艳色系可以体现出欧式古典家居的奢华大气，而柔美浅色调的家具则能显示出新欧式家居高贵优雅的氛围。由于欧式家具的造型大多较为繁复，因此数量不宜过多，否则会令居室显得杂乱、拥挤。

→华丽的皮质沙发、金属材料的台灯、雅致的木质茶几，这些软装围绕着中心的壁炉摆放，塑造出浓郁的欧式风情，体现功能的完美统一

→古典风格的兽腿家具，应具有厚重感，不是均匀的做旧，而是非常自然的复古，带有历史的痕迹，仅一件，就能渲染浓郁的欧式韵味

→所有的软装饰风格上均体现欧式，例如厚重的软包沙发、做工精致的吊灯、古典而大气的地毯、厚重的木质家具等，并用绿植和工艺品来增加生机

# 新欧式风格的软装设计

新欧式风格在保持现代气息的基础上，变换各种形态，选择适宜的材料，再配以适宜的颜色，极力让厚重的欧式家居体现一种别样奢华的"简约风格"。在新欧式风格中，不再追求表面的奢华和美感，而是更多地解决人们生活的实际问题。在色彩上，多选用浅色调，以区分古典欧式因浓郁的色彩而带来的庄重感；而线条简化的复古家具也是用以区分古典欧式风格的最佳元素。

## 软装材质

### 欧式花纹布艺织物

新欧式风格软装中一般选用带有传统欧式花纹的布艺织物。欧式花纹典雅的独特气质能与欧式家具搭配相得益彰，把新欧式风格的唯美气质发挥得淋漓尽致。

### 镜面玻璃

新欧式风格摒弃了古典欧式的沉闷色彩，合金材质、镜面技术大量运用到家具上，营造出一种冰清玉洁的居室质感。另外，除了有较强的装饰时代感外，镜面玻璃的反射效果能够从视觉上增大空间，令空间更加明亮、通透。

## 软装色彩

### 白色／象牙白

新欧式风格不同于古典欧式风格喜欢用厚重、华丽的色彩，而是常常选用白色或象牙白做底色，再糅合一些淡雅的色调，力求呈现出一种开放、宽容的非凡气度。

## 软装家具

### 线条简化的复古家具

新欧式家具在古典家具设计师求新求变的过程中应运而生，是一种将古典风范与个人的独特风格和现代精神结合起来而改良的一种线条简化的复古家具，使复古家具呈现出多姿多彩的面貌。

### 黑色描金边家具

描金漆家具可分为黑漆描金、红漆描金、紫漆描金等。黑色漆地与金色的花纹相衬托，具有异常纤秀典雅的造型风格，是新欧式风格家居中经常用到的家具类型。

### 猫脚家具

猫脚家具的主要特征是用扭曲形的腿来代替方木腿，这种形式打破了家具的稳定感，使人产生家具各部分都处于运动之中的错觉。猫脚家具富有一番优雅情怀，令新欧风居室满满都是轻奢浪漫味道。

## 软装饰品

### 欧风茶具

欧式茶具不同于中式茶具的素雅、质朴，而呈现出华丽、圆润的体态，用于新欧式风格的家居中，不仅可以提升空间的美感，而且闲暇时光还可以用其喝一杯香浓的下午茶，可谓将实用与装饰结合得恰到好处。

## 软装材质

⊙ 欧式花纹布艺

⊙ 镜面玻璃

⊙ 金属 / 陶瓷

## 软装色彩

⊙ 白色 / 象牙白

⊙ 金属色

⊙ 无色系

## 软装家具

⊙ 黑色描金边家具

⊙ 猫脚家具

⊙ 线条简练的复古家具

## 软装饰品

⊙ 天鹅陶艺品

⊙ 欧风茶具

⊙ 铁艺枝灯

## 软装实例解析

↑空间中的色彩不多，以无彩色与蓝色布艺作为大面积配色，形成冷静的配色效果

↑大面积的灰色墙面与蓝色的家具组合，形成浩瀚大气的视觉感受。银色的不锈钢工艺品无形中提升了客厅的时尚感。

→米色的布艺沙发与淡雅的蓝色饰品组合，使空间既具有古典的尊贵感，又具有海洋般的清新感，整体看起来纯净、典雅

→以灰色与神秘的紫色软包沙发作为空间主色调，明度较高的蓝色窗帘和花器作为点缀色，提升了空间的清爽感

→金色描边的座椅与红色的沙发形成热烈又浪漫的配色方式，点缀以欧式的油画，令客厅彰显出现代欧式的轻奢感

↑淡蓝色与金色作为空间的主色，塑造出清爽华贵的家居氛围；几何形的黑色屏风、清新的绿植，使空间的色彩更具层次感

↑精雕细琢的家具与水晶吸顶灯搭配，令空间呈现出低调、轻奢的氛围

## 新欧式风格配色高雅而和谐

　　新欧式风格保留了古典主义材质、色彩的精髓，仍然可以感受到强烈的传统痕迹与浑厚的文化底蕴。高雅而和谐是新欧式风格软装的配色特点，白色、金色、黄色、暗红是新欧式风格中常见的主色调，给人以开放的气度。

→白色的主色调与淡雅的孔雀蓝台灯结合，形成了具有现代感的欧式空间配色特征

→铁艺枝灯省去了水晶灯的奢华，搭配线条简练的复古家具，令卧室独具新欧式的美感

↑蓝色的软包沙发搭配黑描金的茶几，令空间复古而干净

# 美式乡村风格的软装设计

美式乡村风格在室内环境中力求表现悠闲、舒畅、自然的乡村生活情趣，也常运用天然木、石等材质质朴的纹理。美式乡村注重家庭成员间的相互交流，注重私密空间与开放空间的相互区分，重视家具和日常用品的实用和坚固。美式乡村风格摒弃了繁琐和豪华，并将不同风格中优秀元素汇集融合，以舒适为向导，强调"回归自然"。家具颜色多仿旧漆，式样厚重；设计中，多有地中海样式的拱门。

## 软装材质

### 做旧的实木材料

美式乡村风格的家具主要使用可就地取材的松木、枫木，不加雕饰，仍保有木材原始的纹理和质感，还刻意添上仿古的瘢痕和虫蛀的痕迹，创造出一种古朴的质感，展现原始粗犷的美式风格。

### 亚麻制品

亚麻纤维是世界上最古老的纺织纤维，亚麻纤维制成的织物具有古朴气息，能够制造出一种粗糙简朴的感觉，与美式乡村风格非常契合，因此多用于美式乡村风格中的窗帘、沙发套、床品等部位。

## 大花布艺

美式乡村风格布艺织物非常重视生活的自然舒适性，突出格调清婉惬意，外观雅致休闲，多以形状较大的花卉图案为主，图案神态生动逼真。

## 软装色彩

### 棕色系 / 褐色系

此类色彩是接近泥土的颜色，常被联想到自然、简朴，意味着收获的时节，因此被广泛地运用于美式乡村风格的家居中。此外，这种色彩还会给人带来安全感，有益于健康。

### 绿色系

美式乡村风格追求自然的韵味，怀旧、散发浓郁泥土芬芳的色彩是其典型特征。其中，绿色系最能体现大自然所表现出的生机盎然气息，无论是运用于家居中的墙面装饰，还是运用在布艺软装上，无不将自然的情怀表现得淋漓尽致。

### 比邻配色

比邻配色最初的设计灵感来源于美国国旗，加之创始人对家居生活的热爱，有感而发地创造了今天的比邻配色。此种配色方式的基色由源于国旗的蓝、红两色组成，具有强烈的民族特色。

## 软装家具

### 粗犷的木家具

美式乡村风格的家具主要以殖民时期的为代表，体积庞大，质地厚重，坐垫也加大，彻底将以前欧洲皇室贵族的极品家具平民化，气派而且实用，所用的实木材料常雕刻复杂的花纹造型，然后有意地给实木的漆面做旧，产生古朴的质感。

## 软装饰品

### 自然风光的油画

美式乡村家居多会选择一些大幅的自然风光的油画来装点墙面。其色彩的明暗对比可以产生空间感，多彩的自然风光更能令人感到温馨愉悦，适合美式乡村家居追求"回归自然"的需求。

### 鹰形／鸟虫鱼饰品

白头鹰是美国的国鸟，代表勇猛、力量和胜利。在美式乡村风格的家居中，这一象征爱国主义的图案也被广泛地运用于装饰中，比如鹰形工艺品，或者在家具及墙面上体现这一元素。另外，在美式乡村的家居中也常常出现鸟虫鱼饰品，体现出浓郁的自然风情。

### 大型盆栽

美式乡村风格的家居配饰多样，非常重视生活的自然舒适性，格调清婉惬意，外观雅致休闲。其中，各类大型的绿色盆栽是美式乡村风格中非常重要的装饰运用元素。这种风格非常善于通过设置室内绿化来创造自然、简朴、高雅的氛围。

## 软装材质

⊙ 做旧的实木

⊙ 大花布艺织物

⊙ 亚麻制品

## 软装色彩

⊙ 棕色系 / 褐色系

⊙ 绿色系

⊙ 比邻配色

## 软装家具

⊙ 粗犷的实木家具

⊙ 大地色皮沙发

⊙ 四柱床

## 软装饰品

⊙ 自然风光的油画

⊙ 美式铁艺灯

⊙ 花鸟鱼虫饰品

# 软装实例解析

↑ 天然的亚麻沙发构建出客厅的舒适氛围，做旧的实木收纳柜彰显朴实基调

↑ 绿色、蓝色为冷色系，搭配红棕色系的家具，令空间色彩更加和谐自然

↑墙面的文化石同种色系不同明度的渐变结合，稳定而又具有层次感，且休闲韵味浓郁，搭配厚重的美式家具，兼具悠闲感和怀旧感

美式乡村风格追求自由、原始的氛围，做旧的实木家具与红色砖墙相搭配，在形式上形成古朴自然的气息，能很好地表现美式乡村风格的理念，独特的造型感也可为室内增加一抹亮色。

↑大地色与绿色的组合，渲染出了放松、柔和又不失厚重感的美式乡村氛围。宽大舒适的真皮沙发强化了美式风格的舒适性

↑绿色的墙面搭配大地色系的软装，如同广阔的大地滋润着绿树，让人备感亲切

↑红棕色的实木床体现出美式乡村风格的天然质朴美感，搭配绿色台灯和黄色椅子，为空间带来了清新的享受

←红色、蓝色源于
美国国旗的比邻式
配色，条纹图案的
沙发具有浓郁的美
式民族风情，再搭
配大地色家具，又
兼容了厚重

←未经雕琢的实木
具有一种沧桑感和
质朴感，搭配蓝色
的布艺沙发和生机
勃勃的绿植，令空
间尽显有氧的自然
气息

←灰白色、灰绿
色、褐色等大地色
系的组合有朴素、
放松的自然气息，
这些自然界中存在
的色彩能够使人感
到安定、祥和

↑白色与土黄色的文化砖形成色彩和质感的强烈对比，比邻色的软装布艺是空间最美的装饰

# 欧式田园风格的软装设计

欧式田园风格，设计上讲求心灵的自然回归感，给人一种扑面而来的浓郁气息。把一些精细的后期配饰融入设计风格之中，充分体现一种安逸、舒适的生活氛围。居室大量使用碎花、格子图案的布艺和挂饰。自然工艺品和小体量插花都使它增色不少。

## 软装材质

### 大花／碎花布艺

在田园风格中，布艺织物喜欢运用花卉图案的材质。无论是大花图案，还是碎花图案，都可以很好地诠释出田园风格特征，即可以营造出一种清新、浪漫气息。

### 浅色木材

欧式田园的家居风格中，在木材的选择上多用胡桃木、橡木、樱桃木、榉木、桃花心木、楸木等木种。一般的设计都会保留木材原有的自然纹路，然后将家具在这些原木的基础上粉刷成奶白色或绿色，令整体感觉更为优雅细腻。

## 软装色彩

### 明媚配色

田园风格以明媚的色彩为主要色调，鲜艳的红色、黄色、绿色、蓝色等，都可以为家居带来浓郁的自然风情。另外，田园风格中，往往会用到大量的木材，因此木色在家中曝光率很高，而这种纯天然的色彩也可以令家居环境显得自然而健康。

## 软装家具

### 碎花布艺沙发

欧式田园风格是具有浓郁的人文风情和家居生活特征的代表之一。在家具的选择上，喜欢舒

适的家具，在细节方面可以选用自然材质家具，充分体现出自然的质感。此外，色彩鲜艳的碎花布艺沙发，也是欧式田园风格客厅中的主角。

### 象牙白家具

象牙白可以给人带来纯净、典雅、高贵的感觉，也拥有着田园风光那种清新自然之感，因此很受欧式田园风格的喜爱。而象牙白家具往往显得质地轻盈，在灯光的笼罩下更显柔和、温情，很有大家闺秀的感觉。

### 铁艺家具

"铁艺"是欧式田园风格装饰的精灵，或为花朵，或为枝蔓，或灵动，或纠缠，无不为居室增添浪漫、优雅的意境。用上等铁艺制作而成的铁架床、铁艺与木制品结合而成的各式家具，足以令欧式田园风格的空间更具风味。

## 软装饰品

### 蕾丝布艺灯罩

欧式田园风格居室中的灯具可以继续沿用碎花装饰，其中蕾丝布艺灯罩的运用，仿佛为居室吹来了丝丝乡村田园风，给人温馨和舒适之感。这样的灯罩不仅可以按自己的心意选购，也可以用自己喜欢的花布纯手工打造。

### 自然工艺品

打造欧式田园家居氛围，并非要彻头彻尾地通室装饰，一两件极具田园气质的工艺品就能塑造出别样情怀。如石头、树枝、藤等，一切皆源于自然，可以不动声色地发挥出自然的魔力。

### 小体量插花

在欧式田园风格的家居中，插花一般采用小体量的花卉，如薰衣草、雏菊、玫瑰等，这些花卉色彩鲜艳，给人以轻松活泼、生机盎然的感受。另外，欧式田园家居中经常会利用图案柔美浪漫、器形古朴大气的各式花器配合花卉来装点居室。

## 软装材质

浅色木材

铁艺

碎花 / 格子布艺

## 软装色彩

绿色 + 白色

粉色 / 紫色系

木本色

## 软装家具

象牙白家具

铁艺家具

碎花布艺沙发

## 软装饰品

小体量插花

蕾丝花边饰品

自然工艺品

## 软装实例解析

↑洁净的白色墙面，配以绿色和黄色的插花，塑造出惬意、舒适的整体氛围，大地色系的家具使人犹如置身于花园中

↑以绿色为主色，塑造具有悠闲、轻松感的田园氛围客厅，搭配自然类的工艺品和小型的插花，让客厅的田园印象更突出

↑以蓝绿色为主色，塑造具有悠闲、轻松感的田园氛围客厅，搭配自然类的工艺品和小型的插花，让客厅的田园印象更突出

←餐厅整体选用带有一点灰度的绿色，更接近自然界中树木的本色，搭配清爽的瓷盘挂饰，令空间更具田园氛围

→空间的软装充满浪漫感，碎花的壁纸、粉色的床品以及浅绿色的衣柜和地毯，在田园的主调中更多地透露出甜美、纯真的感觉

↓本案的软装采用了经典的田园风格设计，碎花床上用品、地毯以及靠枕非常清新、亲切，带着自然的芬芳，使人心情愉悦

↑空间中墙面和地面都做了彩色处理，且地面的仿古砖颜色稳重，家具选择了做旧的实木和软包布艺，使空间看上去更开阔

↑客厅的软装以明媚的蓝色和黄色为主，令人联想到春天的朝气

↑以绿色和棕红色组成的沙发搭配白色系的墙面，使客厅在悠然的气息中增添了一些活泼和开放感，使人感觉更为舒适

# 地中海风格的软装设计

地中海家居风格，顾名思义，泛指在地中海周围国家所具有的风格。这种风格代表的是一种由居住环境造就的极休闲的生活方式。其装修设计的精髓是捕捉光线、取材天然的巧妙之处。主要的颜色来源是白色、蓝色、黄色、绿色等。这些都是来自于大自然最纯朴的元素。地中海风格在造型方面一般选择流畅的线条。圆弧形就是很好的选择。它可以放在家居空间的每一个角落。一个圆弧形的拱门，一个流线型的门窗，都是地中海家装中的重要元素。

## 软装材质

### 马赛克

马赛克瓷砖的应用是凸显地中海气质的一大法宝，细节跳脱，整体却依然雅致。需要注意的是，由于马赛克瓷砖时间长后接缝会积灰变深，如果使用大面积的马赛克，不仅打理起来麻烦，而且不好看。解决之道为购买已经拼接好、无需单独购买勾缝剂施工的品种。这样的马赛克瓷砖价格虽然贵些，但是手工和打理的精力可以省下。

### 蓝色做旧实木

这类实木通常涂刷蓝色的木器漆，采用做旧处理的工艺造型。客厅的茶几、餐厅的餐桌椅以及各个空间的柜体等家具都可以使用，以烘托地中海风格的自然气息。

## 软装色彩

### 蓝色为主

一种是最典型的蓝＋白，这种配色源自于西班牙，延伸到地中海的东岸希腊，白色村庄、沙滩和碧海、蓝天连成一片，就连门框、楼梯扶手、窗户、椅面、椅脚也都会做蓝与白的配色，加上混着贝壳、细砂的墙面，小鹅卵石地面，拼贴马赛克，金银铁的金属器皿，将蓝与白不同程度的对比与组合发挥到极致；一种是蓝色与黄、蓝紫、绿色搭配，呈现明亮、漂亮的组合。

### 浓厚的土黄、红褐色调

北非特有的沙漠、岩石、泥、沙等天然景观，呈现浓厚的土黄、红褐色调，搭配北非特有植物的深红、靛蓝，散发一种亲近土地的温暖感觉。

## 软装家具

### 条纹／格子布艺沙发

布艺沙发以其天然的材质可以令居室传递出自然、质朴的感觉。在地中海风格的家居中，条纹布艺沙发、方格布艺沙发都能令居室呈现出清爽、干净的格调，仿佛地中海吹来的微风一样，令人心旷神怡；另外，具有田园风情的蓝色花朵纹样的布艺沙发，也是地中海风格可以考虑的对象。

### 船形家具

船形的家具是非常能体现出地中海风格家居的元素之一，其独特的造型既能为家中增加一分新意，也能令人体验到来自地中海岸的海洋风情。在家中摆放这样的一个船形家具，浓浓的地中海风情呼之欲出。

## 软装饰品

### 地中海拱形窗

拱形窗不仅是欧式风格的最爱，用于地中海风格中也可以令家居彰显出典雅的气质。与欧风家居中的拱形窗所不同的是，地中海风格

中的拱形窗在色彩上一般运用其经典的蓝白色，并且镂空的铁艺拱形窗也能很好地呈现出地中海风情。

### 地中海吊扇灯

地中海吊扇灯是灯和吊扇的完美结合，既具灯的装饰性，又具风扇的实用性，可以将古典和现代完美体现，是地中海室内装修中的首选装饰。

### 贝壳、海星等海洋装饰

在地中海浓郁的海洋风情中，当然少不了贝壳、海星这类装饰元素。这些小装饰在细节处为地中海风格的家居增加了活跃、灵动的气氛。

### 船、船锚、救生圈等装饰

船、船锚、救生圈这类小装饰也是地中海家居钟爱的装饰元素。将它们摆放在家居中的角落，或悬挂在墙面上，尽显新意的同时，也能将地中海风情渲染得淋漓尽致。

## 软装材质

⊙ 马赛克

⊙ 蓝色做旧实木

⊙ 海洋风布艺织物

## 软装色彩

⊙ 蓝色 + 白色

⊙ 土黄 + 红褐

⊙ 蓝色 + 米色

## 软装家具

⊙ 条纹 / 格子布艺沙发

⊙ 船形家具

⊙ 白漆 / 蓝漆四柱床

## 软装饰品

⊙ 吊扇灯

⊙ 船 / 船锚 / 救生圈

⊙ 拱形窗

# 软装实例解析

↑设计师用马赛克、实木、金属、羊毛等不同质感的材质来演绎地中海风格，在清爽的大前提下，增添了丰富的层次感

←满眼的黄色未免显得有些跳跃，因此用蓝色的马赛克和绿植作为点缀，空间与色彩顿时变得生动起来

↑蓝色与米色搭配，显得更具柔和感。如此干净的色调无不将家居氛围体现得雅致而清新

## 做旧处理的地中海家具令家居环境更具质感

地中海家具以古旧的色泽为主，线条简单且浑圆，非常重视对木材的运用，家具有时会直接保留木材的原色。地中海式风格家具另外一个明显的特征为家具上的擦漆做旧处理。这种处理方式除了让家具流露出古典家具才有的质感以外，还能展现出家具在地中海的碧海蓝天之下被海风吹蚀的自然印迹。

←红棕色木质家具，在大面积黄色背景的映衬下，塑造出悠闲、惬意的氛围

→蓝色与白色无处不在，让人感到自由自在，心胸开阔，似乎让窗外的天空也一样宁静、悠远

↓粉色的条纹沙发在蓝色的背景衬托下显得更为娇媚

↑地中海拱形窗、船形家具、救生圈等，都是地中海风格的典型软装，能够使人感受到浓郁的海洋风情

↑海洋风的布艺与蓝天白云的壁纸属同色系，搭配明亮的黄色调，令客厅更具层次

↑觉得地中海的蓝白过于单调，可以在选择软装饰的时候适当地加入花朵等田园元素，将两种自然类风格融合起来

# 东南亚风格的软装设计

东南亚风格是一种结合东南亚民族岛屿特色及精致文化品位的设计，就像个调色盘，把奢华和颓废、绚烂和低调等情绪调成一种沉醉色，让人无法自拔。这种风格广泛地运用木材和其他的天然原材料，如藤条、竹子、石材等，局部采用一些金属色壁纸、丝绸质感的布料来进行装饰。在配饰上，那些别具一格的东南亚元素，如佛像、莲花等，都能使居室散发出淡淡的温馨与悠悠禅韵。

## 软装材质

### 石材

东南亚石材并不等同于常用的大理石或花岗岩等表面光滑的材料，它具有地域特色，表面带有石材特有的质感，搭配木质家具，会营造出古朴、神秘的氛围。

### 原木

原木以其拙朴、自然的姿态成为追求天然的东南亚风格的最佳材料。用浅色木家具搭配深色木硬装，或反之，用深色木家具来组合浅色木硬装，都可以令家居呈现出浓郁的自然风情。

### 彩色玻璃

彩色玻璃不仅色彩斑斓、透光性好，而且富有神秘气息。同时，由于玻璃本身特性，表层颜色经过长时间摩擦消失后，里面的颜色还可以反射到表层，色彩保持时间长久。在东南亚风格中，多应用于各类艺术物品，如灯罩、花瓶、工艺品等。

### 青铜

东南亚地区存在一个时间持续相当长的青铜文化时代。古代铜鼓代表着东南亚青铜时代繁荣

的顶峰，至今在东南亚风格中青铜器也很常见，大多为佛像和各种工艺品摆件。

## 软装色彩

### 棕色系 / 咖啡色系

将各种家具包括饰品的颜色控制在棕色或咖啡色系范围内，再用白色或米黄色全面调和。这种大地色系以其拙朴、自然的姿态成为追求天然的东南亚风格的最佳配色方案。

### 华丽色调

东南亚风格可以采用艳丽的颜色做背景色或主角色，例如红色、绿色、紫色等，再搭配艳丽色泽的布艺系列，黄铜、青铜类的饰品以及藤、木等材料的家具，这种跳跃、华丽的配色方案，较适合大户型。

## 软装家具

### 木雕家具

木雕家具是东南亚家居风格中最为抢眼的部分。其中，柚木是制成木雕家具最为合适的上好原料。柚木从生长到成材最少经 50 年，含有极重的油质。这种油质使之保持不变形，且带有一种特别的香味，能驱蛇、虫、鼠、蚁；更为神奇的是，它的刨光面颜色可以通过光合作用氧化而成金黄色，颜色会随时间的延长而更加美丽。柚木做成的木雕家具有一种低调的奢华，典雅古朴，极具异域风情。

### 藤制家具

在东南亚家居中，也常见藤制家具的身影。藤制家具天然环保，最符合低碳环保的要求。它具有吸湿、吸热、透风、防蛀，不易变形和开裂等物理性能，可以媲美中高档的硬杂木材。

## 软装饰品

### 佛手

东南亚国家多具有独特的宗教和信仰，因此带有浓郁宗教情结的家饰相当受宠。在东南亚家居中，可以用佛手来装点，这一装饰可以令人享受到神秘与庄重并存的奇特感受。

### 木雕

东南亚木雕品基本可以分为泰国木雕、印度木雕、马来西亚木雕三个品种，其主要的木材和原材料包括柚木、红木、桫椤木和藤条。其中，木雕的大象、雕像和餐具都是很受欢迎的室内装饰品。

### 锡器

东南亚锡器以马来西亚和泰国产的为多，无论造型还是雕花图案都带有强烈的东南亚文化印记，因此成为体现东南亚风情的绝佳室内装饰物。

### 大象饰品

大象是东南亚很多国家都非常喜爱的动物，相传它会给人们带来福气和财运，因此在东南亚的家居装饰中，大象的图案和饰品随处可见，为家居环境增加了生动、活泼的气氛，也赋予了家居环境美好的寓意。

### 泰丝抱枕

艳丽的泰丝抱枕是沙发上或床上最好的装饰品，明黄、果绿、粉红、粉紫等香艳的色彩化作精巧的靠垫或抱枕，跟原色系的家具相衬，香艳的愈发香艳，沧桑的愈加沧桑。

## 软装材质

⊙ 石材

⊙ 原木

⊙ 彩色玻璃

## 软装色彩

⊙ 米色系

⊙ 棕色系 / 褐色系

⊙ 华丽色彩

## 软装家具

⊙ 木雕家具

⊙ 藤制家具

⊙ 实木家具

## 软装饰品

⊙ 佛手

⊙ 锡器

⊙ 大象饰品

## 软装实例解析

↑因设计的重点在顶面上，墙面并没有做过多的造型，只是依靠门、窗以及家具来进一步表现东南亚风格特征

↑热带花草图案的艺织展现出东南亚客厅的禅意

↑墙面上的木质造型较多，因此用米黄色的壁纸装饰部分墙面，而后搭配泰丝靠枕、床品等，使氛围更为温馨

## 东南亚风格家居中布艺装饰的运用原则

各种各样色彩艳丽的布艺装饰是东南亚家居的最佳搭档。用布艺装饰适当点缀，能避免家居单调气息，令气氛活跃。在布艺色调的选用上，东南亚风情标志性的炫色系列多为深色系。同时，也可以参考深色家具搭配色彩鲜艳的装饰这一原则，例如用大红、嫩黄、彩蓝相搭配。

←绛红色带有大团暗金色花朵的壁纸，搭配红色、蓝色、深蓝色带有珠片装饰的靠枕组合，表现出东南亚风格中绚丽、香艳的一面。红色和金色组合的窗帘、藤编的沙发、实木茶几在浓重的红色、蓝色的映衬下，具有强烈的视觉冲击力

↑书房空间中的一些中式元素的融合使东南亚风情更具内涵和底蕴。两者以木质作为共同点，通过一些小的装饰达到协调的统一。休闲的茶室更是体现了这种融合的精粹，将泰丝靠枕换成了米色，显得文雅

←卧室的镂空木质背景墙简洁、利落，搭配木质家具、顶部镂空的花格装饰以及铁灰色为主的具有复古感的床上用品，体现出了中国风和东南亚两种氛围的融合

## 东南亚风格家居图案的运用原则

东南亚风格的家居中，图案往往来源于两个方面，一个是以热带风情为主的花草图案，一个是极具禅意风情的图案。其中，花草图案的表现并不是大面积的，而是以区域型呈现的，比如在墙壁的中间部位或者以横条竖条的形式呈现；同时，图案与色彩是非常协调的，往往是一个色系的图案。而禅意风情的图案则作为点缀，出现在家居环境中。

↑本案的软装设计呼应墙面的硬装，采用与顶角线和扶手同色系的木质餐桌椅及餐边柜，塑造统一感，并搭配颜色深一些的木雕和壁灯，使空间的层次更丰富

↓本案采用了佛像为主题的装饰画、带有古典雕花纹路的几案及铁艺烛台、吊灯等，小装饰虽多，但安排有序，不显凌乱

# 日式风格的软装设计

日式设计风格直接受日本和式建筑影响，讲究空间的流动与分隔，流动则为一室，分隔则分几个功能空间。空间中总能让人静静地思考，禅意无穷。传统的日式家居将自然界的材质大量运用于居室的装修、装饰中，不推崇豪华奢侈、金碧辉煌，以淡雅节制、深邃禅意为境界，重视实际功能。日式风格特别能与大自然融为一体，借用外在自然景色，为室内带来无限生机，选用材料上也特别注重自然质感，以便与大自然亲切交流，其乐融融。

## 软装材质

### 草席

传统的日式装修不同于欧式风格的豪华奢侈，而是注重一种境界，追求淡雅节制、深邃禅意的感觉。因此，日式装修好像田园风格一样，注重与大自然相融合，所用的装修建材也多为自然界的原材料。其中，草席就是经常用到的材质。

## 软装色彩

### 白色 + 浅木色

日式室内设计中，色彩多偏重于浅木色，同时用白色作为搭配使用，可以令家居环境更显干净、明亮，使城市人潜在的怀旧、怀乡、回归自然的情绪得到补偿。

## 软装家具

### 榻榻米

日式家居装修中，榻榻米是一定要出现的元素。一张日式榻榻米看似简单，但实则包含的功用很多。它有着一般凉席的功能，又有美观舒适的功能，其下的收藏储物功能也是一大特色。在一般家庭中，日式榻榻米相当于是一件万能家具，想睡觉时可以当作是床，接待客人时又可以是个客厅。

### 传统日式茶桌

传统的日式茶桌以其清新自然、简洁淡雅的独特品位，形成了独特的家居风格，为生活在都市的人群营造出闲适写意、悠然自得的生活境界。此外，传统日式茶桌的腿脚比较短，桌上一般都有精美的瓷器。

### 升降桌

升降桌即可升降的桌子，在日式风格的家居中被广泛使用。这种升降桌在用时可以作为桌子使用，不用时可以下降到地面，丝毫不占用空间。此外，这种桌子还具有收纳的功能，非常实用。

## 软装饰品

### 蒲团

蒲团是指以蒲草编织而成的圆形扁平坐具，又称圆座，起初用于僧人坐禅及跪拜。在日式风格的家居中，蒲团作为一种装饰元素，可以体现出浓浓的禅意。

### 福斯玛门

福斯玛门又叫彩绘门，基材为纸和布。此外，福斯玛在日本也称浮世绘，是一种用来制作推拉门的辅料。福斯玛门彩绘纸规格一般为长 2030~2060 毫米，宽 910~960 毫米。它一面是纸，一面是真丝棉布，在布面上有手工绘制的图案。

### 和服娃娃装饰画 / 装饰物

和服是日本的民族服饰，其种类繁多，无论花色、质地和式样，千余年来变化万千。而穿着和服的娃娃具有很强的装饰效果，在日式风格的家居中会经常用到。

## 软装材质

⊙ 草席

⊙ 原木

⊙ 浅色藤

## 软装色彩

⊙ 原木色

⊙ 白色 + 浅木色

⊙ 木色 + 灰绿色

## 软装家具

⊙ 榻榻米

⊙ 传统日式茶桌

⊙ 升降桌

## 软装饰品

⊙ 蒲团

⊙ 和服娃娃装饰画 / 装饰物

⊙ 福斯玛门

# 软装实例解析

→本案装饰的整体基调淡雅简洁，具有浓郁的日本民族特色。家具和装饰都采用线条清晰的造型，优雅简洁，具有较强的几何感

↓清新的原木色与棉麻材质彰显出日式风格的禅意韵味

←樟子推拉门朦胧的
质感，不会影响空间
的采光

←传统的木质吊灯令
餐厅空间充满了日式
美感

←生机勃勃的插花为
日式的空间带来活力

↑竹子图案的门与淡雅的蓝绿色饰品结合，使整个空间看起来干净而充满自然气息

↑在设有榻榻米的卧室，可以在榻榻米的上方设置储物柜。柜门用白色底色，上面搭配一些具有民族特色的图案，而后在其他隔板上搭配一些日本娃娃及花艺装饰，就能够轻松地塑造出具有经典感的日式风格居室

↑用具有日式特征的代表性元素穿插于空间各个角落，塑造出质朴、优雅风格的室内风味，例如日式风格的花艺和盆景、含有日本民族特色的雕塑、日式宫灯、日式风格的人物装饰画、扇面、木格拉门等

→大面积的草席与传统日式茶桌充分体现出居室的自然特质

→简洁的空间色调与米灰色的日式蒲团塑造出干净而颇具禅意的空间氛围

Chapter **3**

# 公共空间的软装设计

在一些软装的选择上

**要充分考虑到场所的不同的功能特征，**

有针对性地选择

符合场所**个性特点的**软装设计

**才能够达到美化环境的目的。**

## KTV 的软装设计

KTV 的软装设计，需要独特的内涵和设计形式，要有鲜明的个性，才能赢得客户的喜爱，否则没有竞争力，无法生存。KTV 装修按照装修工艺和装修材料的使用有软包和硬包。软包隔音最好，造型丰富，装饰效果档次高，但工艺复杂，造价高。硬包隔音好，造型丰富。软包比较常用，内墙装修采用的都是软包，隔音效果不错。

## KTV 软装设计原则

### 色彩与氛围要突出

KTV 软装设计的成功与否取决于整体氛围和主题色彩是否突出，这两点能够影响消费者对 KTV 的选择，所以 KTV 的内部软装设计是否成功直接影响到经营的好坏。色彩具有空间调节作用，能使空间放大或缩小，给人以"凸出"或"凹进"的印象，可以使空间变得活跃，也可以使环境感觉宁静。进行 KTV 内部软装设计时要注意不同区域色彩的合理运用。

### 软装宜结合硬装进行具体选择

KTV 的软装设计起到分割空间、凸显风格的作用。不同空间的软装根据硬装的造型和整体风格而进行具体材质和颜色的选择。若脱离硬装而单独设计，会影响整体的协调性，破坏整体效果。

## KTV 内部空间的软装设计

### KTV 大厅设计

KTV 的大厅是脸面，是最主要的枢纽。大厅要宽敞明亮，软装设计在材质上要选用干净的材质，墙面装饰建议采取延续性的图案和花样，这样能够增强空间的立体感；大厅的软装设计要有亲和力，让消费者一进门就能感到舒适。KTV 收银台是大厅中比较重要的部分，它的设计要能够表现出 KTV 的整体风格。收银台的位置建议放在面向大门方向的左边，即顾客进门时的右手边，这样的位置更符合人们的习惯。收银台的高度设计也是很重要的，过低不安全，过高会让人感觉疏离，恰当的高度是在 110~120 厘米之间，常见为 107 厘米或 108 厘米。

### KTV 走廊软装设计

出色的 KTV 走廊，走入其中时能够让人感受到愉悦、时尚的氛围。走廊常见的软装饰有灯具、地毯、花艺等。灯光的亮度要适中，以使人能够看清道路为佳。通常来说，走廊灯光的亮度要低于大厅而高于包间，若塑造特殊效果，如强调昏暗的效果，也必须在每个包间的门口设计比较明亮的局部灯光。地毯能够起到静音的作用，若选择地毯装饰地面，可以结合整体风格选择颜色及花纹，若带有指向性的标志或花纹则最佳。

### KTV 包房设计

KTV 包房的软装设计是 KTV 软装设计中的难点和重点。KTV 包房中软装的色彩可根据包房的硬装主体色彩进行选择，颜色过多，容易形成"调色板"，使人感觉烦乱，且过多的颜色凸显不出娱乐性和时尚感；最重要的是灯光的色彩，虽然要具有娱乐性，但也要保证舒适性，不要过于刺激；座椅和茶几的颜色可整套搭配；装饰画、花艺和装饰品的色调可以跳跃一些；假如铺设地毯，选择浅灰褐色从清洁上来说最佳。

### 化妆室的设计

带有表演的高级 KTV 会备有化妆室，它内部的软装设计合理性能够间接影响各个演员的表演顺畅程度。化妆室的软装设计宜以亮堂、干净为原则，色彩以冷色系为宜，这样能够让人有紧迫感，同时灯光要明亮，特别是化妆台部分，如果室内灯光过于阴暗，会影响员工上台前的心境。

## KTV 软装常用元素

根据 KTV 内不同区域，常见的软装也有所区别。大厅中常用的软装有沙发、茶几、灯饰、花艺装饰、装饰画、摆件等；走廊中常用的软装有地毯、灯饰、花艺装饰以及装饰画；包房中常用的软装有卡座、沙发凳、茶几、灯饰、装饰画、工艺品、花艺装饰等。

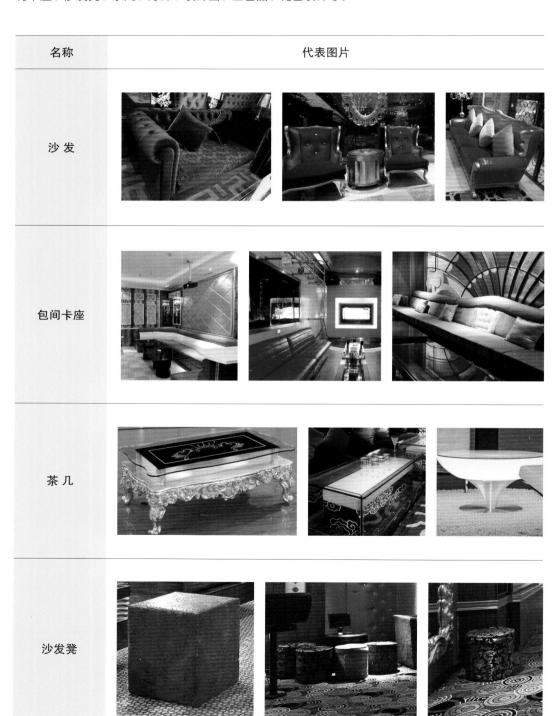

| 名称 | 代表图片 |
| --- | --- |
| 沙发 | |
| 包间卡座 | |
| 茶几 | |
| 沙发凳 | |

| 名称 | 代表图片 |
|------|---------|
| 灯 饰 |     |
| 工艺品 |    |
| 花 艺 |    |
| 装饰画 |    |

## 大厅软装搭配实例

↑此大厅的硬装采用黑、白、灰三色搭配来体现时尚感。为了使效果更舒适，软装部分着重强化了灯光的设计，丰富层次感的同时减轻了硬装色彩搭配的冷硬感。精美的灯饰搭配各色的灯光，设计简洁但效果出众

←此大堂中最具特点的软装要数顶部的水晶灯，用华丽的感觉来吸引人的目光，提升整体装饰的品位。简洁造型的沙发搭配不同类型的绿植，体现了人性化的设计

### 走廊软装搭配实例

←灯光是 KTV 走廊中的一个重要软装元素，不同色彩的灯光能够使同样的环境有不同的氛围。如本案中的紫色灯光魅惑、时尚，若换成黄色，则失去了这种味道

↓在镜面墙前方叠加水晶珠帘，再辅以明亮的灯带，整个走廊形成了星星点点的明亮光点，非常时尚

↑本案设计师用双色搭配的镜片和粉色的灯光搭配来彰显个性

↑本案的墙面采用了蓝色 LED 灯光，设计师选择青花瓷的花瓶来搭配灯光，形成一体化的软装设计，增添了艺术感的同时也不失整体感

↑整个墙面都采用了灰镜做装饰，镜面的反射使墙面造型形成了对称式的格局，比起直接做成对称式，既节省资金也更具趣味性。娱乐场所的营业高峰期一般在夜晚，在白天看起来品质不高的玻璃珠帘在灯光的映衬下显得美轮美奂，非常有个性

↑过道的灯光布置非常明亮，但并不是采用的整体性照明，而是用筒灯照射形成明暗渐变的层次感。墙面部分暗藏蓝色灯带，在波浪式的造型上投射下绰约的光影，犹如海洋上的波浪，与彩色波浪形图案的地毯形成呼应

# 走廊软装搭配实例

↑对称式的软装布置方式比其他布局方式显得更为正式，非常适合用在大包厢或者 VIP 包厢中，能够凸显出奢华的氛围

↑墙面和家具都没有过于复杂的造型，因此地面采用了大花的地毯来烘托热闹的氛围，红黑搭配的颜色搭配墙面的水银镜和顶面的水晶灯，非常奢华

# 酒吧的软装设计

酒吧和 KTV 不同，酒吧社交能培育出一种尊重和宽容别人的新态度。在进行酒吧的装饰设计时，要将这种文化作为设计的基准。酒吧的软装设计是用个人的观点去感染大众情绪。一个理想的酒吧装修环境需要在装饰设计中创造出特定氛围，最大限度地满足人们的心理需求。酒吧的软装设计应个性鲜明，空间设计应体现某种氛围。一流的空间设计是精神与技术的完美结合，无论在布局还是用色上都需要大胆而个性的设计，推敲每一处细节，做到尽善尽美。

## 酒吧软装设计原则

### 酒吧灯光设计

灯光是一个重要的表现手段，在烘托整体气氛上的作用是不可取代的。不同主题的酒吧，在设计灯光时要注重主题的特点。使灯光展现出主题的氛围感和亲和力，这也是一种装修文化。

另外，酒吧在设计环境气氛方面也很重要，这大致也归为基本的风格。灯光始终是调节气氛的关键。一般酒吧都会选择电脑控制系统，这令整个酒吧调出自己需要的气氛，不同时段也会有不同的灯光效果。采用何种灯型、光度、色系，以及灯光的数量，达到何种效果，都是很精细的问题。灯光往往有个渐变的过程，在亮处看暗处，在暗处看亮处，不同角度看吧台上同一只花瓶获得的感观愉悦都不尽相同。灯光设置的学问在于"横看成岭侧成峰"，让人感觉到变幻和难以捕捉的美。

### 酒吧的吧台设计

吧台是酒吧空间的一道亮丽风景，选料上乘，工艺精湛，在高度、质量、豪华程度上都是空间的焦点。吧台用料有大理石、花岗岩、木质等，并与不锈钢、钛金等材料组合构成，因其所处空间大小风格不同，形成风格各异的吧台风貌。从造型看，有一字形、半圆形、方形等，视空间的性质而定，视建筑的性格而定。与吧台配套的椅子大多是采用高脚凳，以可以旋转的为主，它给人以全方位的自由，让人放松情绪。

### 酒吧的卡座设计

卡座是酒吧中的主要软装部分，它是人与人交流的主要场所，在款式及材料的选择上可以酒吧的整体风格定位来进行。若空间的面积很大，可以选择2~3 种款式来搭配摆放，可以避免单一感。卡座常见的摆放方式有双人、四人及多人，多人卡座通常为订制款式，周围可做隔挡，形成半封闭的形式。

# 酒吧软装常用元素

| 名称 | 代表图片 |
| --- | --- |
| 吧台、<br>吧椅 |   |
| 卡 座 |   |
| 灯 饰 |    |
| 装饰画 |    |

# 吧台软装搭配实例

↑现代感的酒吧以金属、玻璃作为主要材料，体现都市感和简练感，家具的造型及材质也以简洁和舒适为主，给人清新、爽快的感觉

↑以中式风格为设计元素，彰显极具文化底蕴的酒吧氛围。无论是墙面上的中式乡村风装饰画还是带有象形文字的花瓶以及木质吧凳，都凸显中式韵味

**卡座案例**

→将吧台傍边角落充分利用起来，摆放一组沙发，形成了独立的卡座空间，搭配黑色的铁艺吊灯以及黑白为主题的装饰画，非常现代

↓一部分沙发以桌子为中心对称摆放，黑色软包真皮沙发具有浓郁的新古典范儿，彰显品质感，适合四人对坐；一部分采用单人沙发，四个成一组，两两对称摆放，俯视构图犹如一个个花瓣，具有艺术感，适合关系不是很亲密抑或喜欢独立感的顾客，采用棕红色，具有低调的热烈感

# 灯光软装搭配实例

←整体的黄色的灯光搭配具有异域感的吊灯，温馨而又不乏时尚感。恰当的亮度烘托了氛围，也保证了一定的私密性，非常适合用来交谈，很适合小酒吧

↑若酒吧的整体灯光设计比较昏暗，可以在桌子上摆放局部式的光源，例如蜡烛和造型精美的台灯，照亮的同时，还能烘托气氛

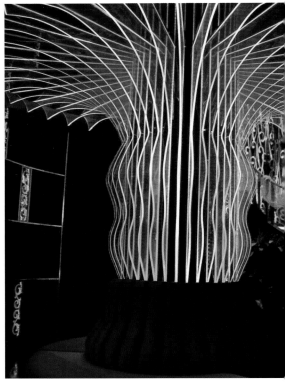

↑将等候区的沙发后方的柱子用七色灯管包围起来，恰当的亮度搭配柱子及顶面的镜面，塑造出了美轮美奂的效果，却不会让人感觉过于耀眼

←在比较昏暗的整体环境中，灯光的设计就显得尤为重要，最为明亮的部分是吧台，属于主体部分，方便顾客使用。然后采用局部光源布置方式，在坐椅上方安置点光，渲染具有情趣的氛围

↓吧台本身做暗藏灯槽设计，使这一区域在整体比较昏暗的大环境下显得更为突出

## 小型办公空间的软装设计

过去的办公室千篇一律，雷同得使人乏味。如今办公空间小型化、家庭化，人们有了更多表现自我、张扬个性的空间和自由。不同层次的办公群体在各自文化意识、审美、情趣上的不同，对办公环境的需求也体现出很大差异。

## 办公室不同区域的软装设计

办公空间大多由办公区、会议区以及走廊三个区域构成。办公空间的最大特点是公共化，要照顾到大部分员工的审美需要和功能要求。总的来说，办公空间可以分成两个部分，在进行软装设计时，需要结合不同区域的使用人数和特点而区别对待。

### 团队空间

属于主要办公区域，可以把办公空间分为多个团队，通常3~6人一组，团队的位置可以按照成员间的交流与工作需要进行位置的规划，且将不同工作性质的团队的办公区区别开来，同时团队区中的每个位置的具体软装设计要赋予员工自主权，使其可以自由地装扮其个人空间。团队区域主要用于工作，因此以办公家具为主体，可以搭配一些小的盆栽以及装饰画，尽量减少不必要的装饰，以免妨碍办公。

### 公共空间

包括前台区、正式的会议室、档案室和非正式的公共空间，如舒适的茶水间、刻意空出的角落等。正式的会议室用于召开会议，档案室用来存储材料，非正式的公共空间提供员工交流的场所。公共区域的软装布置则灵活许多，可以增加一些休息用的桌椅组合或者沙发，摆设一些绿色植物，墙面悬挂装饰画，还可以根据公司的风格增加一些摆件，以活跃氛围。

简洁明快的色彩，令办公更有效率

# 公共空间软装搭配实例

↑中间挑空的大厅，拉伸了空间的纵深感，吊顶边缘的白色石膏板设计充满趣味性，打破了传统的吊顶设计

↑圆弧形的红砖与顶部的黑漆形成鲜明的对比，令公共区域充满视觉冲击力

↑ 几何造型软装彰显空间大气之美

↑ 清透的玻璃与现代感极强的条纹地毯把会议室装点得非常具有科技感

↑ 圆形的书架与斑驳的墙面构建出舒适的活动区域，能够令员工在闲暇时放松心情

↑将休息区别出心裁地做成了"蛋"的造型,搭配白色树干装饰,犹如置身于森林,充满趣味性

↑简单的小会议室,软装以白色为主调,搭配褐色的硬装,体现出了简洁、高效的气氛

无色系的设计简洁大方，塑造出庄严的公司氛围

# 团队空间软装搭配实例

↑布艺吊顶与原木色的搭配，令工作区具有舒适的美感

↑黑白灰为主色的办公家具体现出了高效率和都市感。为了避免过于冷硬，桌面下方的部分采用了绿
色来调节

←清水泥的吊顶
与金属不锈钢的
座椅呈现出后现
代的工业气息

↓错落有致的吊
顶设计是空间的
亮点，令原本规
整、单调的办公
空间有了时尚的
活力

# 商务会所的软装设计

商务会所作为工作的一种延续空间，具有异于城市其他公共空间的特征，是一种介于私人空间和公共空间的延伸场所。它以商业洽谈为主要纽带，是在当代环境下对于一种全新工作方式的重要体验形式。商务会所软装设计应多元化，集餐饮、休闲、会谈为一体。

## 商务会所的设计原则

### 尊贵

众所周知，会所是一个高贵的地方，代表一定的档次，会员在社会上有一定的地位，是身份的象征。因此，商务会所的设计要体现出优越感，设计要讲究用料，选材及气氛比较豪华。另外，商务会所风格的选择很多，可以根据公司的品牌和经营项目来选择。

### 独特

商务会所设计应该悉心剪裁，有个性、特色，给人深刻印象，独有的设计元素能令会所有独特的气质，这种与众不同、唯我独尊的感觉，往往能够增加会所的价值。独特的创造可以从多个方面来推敲寻找：例如，有针对性地剪裁空间，利用建筑上赋予的独特的空间条件及其他环境，也可取材于历史、文化和艺术背景，更必须同时考虑功能定位的需要；而设计者可将创作的元素表现于建筑造型、灯具及家具造型、色彩及材料利用、装修节点、摆设及挂画等，以此来塑造独特的个性，便更加给力。

### 和谐

商务会所设计不一定要追求时尚，不一定很现代，但一定要给人一种亲切、舒服及和谐感。无论在建筑造型、色彩、灯光、家具搭配、装饰摆设方面都必须做到平和、优雅，最重要的是舒服。

*大型绿植给空间带来活力。*

# 商务空间软装搭配实例

↑圆形门洞，青砖白墙，圈椅，这些都流露出浓厚的人文气息

↑大型的玻璃幕墙，把自然的绿意带到走廊中

↑深棕色的实木家具与陶瓷摆件相互映衬，把商务空间点缀的更具禅意。

↑线条简练的中式家具与实木摆件把空间衬托的高端大气。

↑白色系的背影与绿色家具结合，令空间更具通透感。

# 休闲空间软装搭配实例

↑灰棕色系的商务用餐空间倍显雅致

↑清浅的蓝色座椅与时尚的灯具结合，给人带来清洁感

→白色的布艺吊顶让休
闲成为一种视觉的享受

↓大型圆桌及墙面瓷盘
彰显团圆意境

←实木材质的软装与翠绿的瓷器相搭配，给品茶
带来乐趣

↓独具异域特征的按摩室让人在放松身
体的同时也能放松心灵

## 中餐厅的软装设计

中餐厅设计蕴含了丰富的中国传统文化与民族风俗特点。由于中国地缘辽阔，各地风俗差异，以至于中餐厅设计上又有许多的差异。例如，按照中餐厅设计的平面布局不同，可以分为宫廷式设计和园林式设计两大类；而按时代特色来分，可以分为古典中式和现代中式两种设计，而这两种风格能够非常明显地区分中餐厅设计的风格。

## 中餐厅的设计原则

### 中餐厅布局

中餐厅在布局上可以分为两种类型：一种是以宫廷、皇家建筑空间为代表的对称式布局和以中国江南园林为代表的自由与规格结合的布局。

宫廷式：布局上面要采用严谨的左右对称方式，在轴线的一端设主宾席和礼仪台。这种布局方式显得隆重热烈，适合于举行各种盛大喜庆宴席。这种布局空间开敞，场面宏大。与这种布局方式相关联的装饰风格与细部常采用或简或繁的宫廷作法。

园林式：采用园林的自由组合特点，将室内的某一部分结合休息去处理成小桥流水，其余部分结合园林的漏窗与隔扇，将靠窗或靠墙的部分进行较为通透的二次分隔，划分出主要就餐区与次要就餐区，以保证某些就餐区具有一定的紧密

性。这种园林式的设计给人以室内空间室外化的感觉，犹如置身于花园之中，使人心情舒畅，增进食欲。

### 中餐厅照明设计

中餐厅的照明设计应在保证环境照明的同时，更加强调不同就餐区域，进行局部重点照明。进行重点照明的方法有两种：

① 采用与环境照明相同的灯具（常常为点光源）进行组合，形成局部密集，从而产生重点照明。这种方法常常应用于空间层高偏低，以及较为现代的中餐厅。

② 采用中式宫灯进行重点照明。这种方法常结合顶棚造型，将灯具组合到造型中。这种方法适合于较高的空间，以及较为地道的中餐厅。这种传统中式宫灯应根据空间的高低来确定选用竖向还是横向的灯具。另外，宫灯在大餐厅中的数量要恰当，不宜过多，否则，会造成凌乱之感。

### 中餐厅家具

家具的形式与风格在中餐厅设计中占有重要的地位，中餐厅的家具一般选取中国传统的家具形式，以明代家具的形式居多。除了直接运用传统家具的形式外，也可以将传统家具进行简化、提炼保留其神韵。这种经过简化和改良的现代中式家具，在大空间的中餐厅中得到了广泛应用。而正宗明清式样的家具则更多地应用于小型雅间当中。

### 中餐厅装饰

一个完美的中餐厅，只有中式风格的设计与装修是远远不够的，装饰摆件也是很重要的，可通过空间和交通的视觉焦点，以及一些墙面的留白部分，以一些带有中国特色的艺术品和工艺品来进行点缀，以求丰富空间感受，烘托

传统气氛。在中餐厅中，常用到以下装饰品和装饰图案：

① 在摆件上面可以选择传统吉祥图案（龙、凤、麒麟、鹤、鱼、鸳鸯等动物图案和松、竹、梅、兰、菊、荷等植物图案，以及它们之间的变形组合图案等）。

② 古玩、工艺品也是中餐厅常见的点缀品，因为种类繁多，所以尺寸有很大的差异（漆器屏风、茶壶、玉雕、石雕、瓷器等）。对于尺寸较小的古玩和工艺品，常常采用壁龛的处理方法，配以顶灯或底灯，会达到意想不到的视觉效果。

## 中餐厅软装搭配实例

↑幽幽的红色灯笼把卡座区照耀得更具韵味。大小不一的瓦片
与喜气洋洋的红辣椒使人仿佛置身于古镇的街头巷尾，品味着
美食

↑铜像、绿植构成三角
形，令空间更具稳定性

→窗外的绿植与室内的青
砖把中式园林的景观融入
室内之中

↑ 简约化的博古架既可以做展示之用，又令空间具有通透性

↑ 明代的椅子与恢宏大气的吊顶相结合，令餐厅更具中式皇家的气派

↑ 墙面上点缀式的照明方式可以为空间增添美感

↑整面墙的荷叶造型与古朴的瓷器，把中国古典的美感衬托出来

↑顶面独具特色的实木饰品与鸟笼把空间的
不规则美感呈现出来

↑古朴的鸟笼灯衬托出餐厅的悠闲氛围

←清新的绿植与简约的空间设计方式，令进餐环境更为幽静

←青砖与简约化的餐桌椅令空间呈现出古典中式氛围

↓空间摒弃多余的室内装饰品及无用细节，营造出一个清爽、精致、舒雅的就餐氛围

# 西餐厅的软装设计

虽然欧式古典建筑在不同的时期和不同的地区风格造型各不相同，但西餐厅并不需要完全复制一个古典建筑的室内，因此在软装设计时可以将所有的欧式古典建筑的风格造型以及装饰细部进行筛选，选出有用的部分直接应用于餐厅的装饰设计；也可以将欧式古典建筑的元素和构成进行简化和提炼，应用于餐厅的装饰。

## 西餐厅空间特色

由于西餐厅一般层高比较大，因而也经常采用大型绿化作为空间的装饰与点缀，有的绿植甚至像一把把大伞罩在几个餐桌之上，很好地起到了空间限定的作用。由于冷餐是西餐中的主要组成部分，因此，冷餐台也成了西餐厅中需要着重考虑的因素，原则上设于较为居中的地方，便于餐厅的各个部分取食方便。当然，也有不设冷餐台的西餐厅，而靠服务人员送餐。

创造私密性的方法一般有以下几种：

① 抬高地面和降低顶棚，这种方式创造的私密程度较弱，但可以比较容易感受到所限定的区域范围。

② 利用沙发座的靠背形成比较明显的就餐单元，这种 "U" 形布置的沙发座，常与靠背座椅相结合，是西餐厅特有的座位布置方式之一。

③ 利用刻花玻璃和绿化槽形成隔断，这种方式所围合的私密性程度要视玻璃的磨砂程度和高度来决定。一般这种玻璃都不是很高，距地面在 1.2~1.5 米之间。

④ 利用光线的明暗程度来创造就餐环境的私密性。有时，为了营造某种特殊的氛围，餐桌上点缀的烛光可以创造出强烈的向心感，从而产生私密感。

## 西餐厅软装特色

西餐厅与中餐厅最大的区别是以国家、民族的文化背景造成的餐饮方式的不同。欧美的餐饮方式强调就餐时的私密性，一般团体就餐的习惯很少。因此，就餐单元常以 2~6 人为主。餐桌为矩形，进餐时桌面餐具比中餐少，但常以美丽的鲜花和精致的烛具对台面进行点缀。餐厅在欧美既是餐饮的场所，更是社交的空间。因此，淡雅的色彩、柔和的光线、洁白的桌布、华贵的线脚、精致的餐具加上安宁的氛围、高雅的举止等，共同构成了西餐厅的特色。

## 西餐厅的风格营造

### 欧洲古典气氛的风格营造

这种手法注重古典气氛的营造，通常运用一些欧洲建筑的典型元素，诸如拱券、铸铁花、扶壁、罗马柱、夸张的木质线条等来构成室内的欧洲古典风情。同时还应结合现代的空间构成手段，从灯光、音响等方面来加以补充和润色。

### 富有乡村气息的风格营造

这是一种田园诗般恬静、温柔、富有乡村气息的装饰风格。这种营造手法较多地保留了原始、自然的元素，使室内空间流淌着一种自然、浪漫的气氛，质朴而富有生气。

### 前卫的高技派风格营造

如果目标顾客是青年消费群，运用前卫而充满现代气息的设计手法最为适合青年人的口味。运用现代简洁的软装设计，轻快而富有时尚气息，偶尔可流露一种神秘莫测的气质。空间构成一目了然，各个界面平整光洁，巧妙运用各种灯光，构成室内温馨时尚的气氛。

# 西餐厅软装搭配实例

↑开敞用餐区的桌子别出心裁地使用磨切的花岗岩与实木材料相结合，其强烈对比的装饰效果更贴近自然，显得大气、稳重

↑以全活动铁件门扇作为隔屏，当餐厅有活动或是顾客较多时，可将门扇全部开放，同时形成座位之间的隔屏

↑烤漆铁门上铁件以品牌色彩为主，外框为 30 毫米黑铁，内框为 20 毫米橘红色铁件，整个铁门以
具有两种规律的分割，呈现出一种创意的碰撞

↑在灰色调的空间中添加色彩艳丽的灯具，能够增添空间的时尚感

→餐厅包间的墙面以呈波浪形的古铜色铁丝网装饰，配以复古的猫脚家具，在古典与现代、黑色与金色的碰撞中，更加强化了这一空间的小资情调

↓开敞式的厨房设计能使顾客看到食品加工的过程和方法，拉近了与顾客之间的距离，能产生良好的互动，很适合西餐厅选用

↑四人餐桌与卡座结合的方式，可方便不同顾客进餐

↑在灰色调的空间中添加色彩艳丽的灯具，能够增添空间的时尚感

↑黑色的真皮卡座与顶面的灯光构成炫酷的西部牛仔韵味

↑用餐区以裸顶喷黑漆的方式处理，再搭配上不规则的玻璃灯具，给人以浩瀚天际中繁星点点的视觉感受，为餐厅增添了神秘的气息

←蓝色铁架隔断，靓丽的餐桌，带着时间的印记，用特殊的方式述说着它的故事

↓作为永不淘汰的经典西餐，一块牛排，足以满足肉食动物们从味蕾到饱腹的所有需求。这个饱腹的过程通过色彩的碰撞，也让食客在体验食物的同时也一饱眼福

# 快餐厅的软装设计

鲜明的外表、明亮的灯光、简单的色调是快餐厅就餐区传统的设计特征，因为这些设计可以更方便维护、加速客流并令人精力充沛。快餐厅设计中，还经常使用玻璃暖房座位区、头顶天窗来使周围环境有一种自然、优美的感觉。另外，一些西式快餐厅也经常设游乐区，供孩子们玩耍。

## 快餐厅软装设计要点

### 快餐厅的色彩

快餐厅装修设计的时候，室内的色彩基调要明亮，以给人一种清新愉快的感觉，促进消费者的消费热情。营造快餐厅明亮的空间效果，从软装饰品到餐桌、餐具、墙面等各个方面都要以亮为主。

### 快餐厅的布置

快餐厅装修设计最注重的就是内部空间的布置，因为布置的好坏合理与否将直接关系到服务的效率。一般情况下，快餐厅的大部分桌椅都是靠墙排列的，服务台则以岛式配置于房子的中央。这种方式能够合理地利用空间，使利益最大化。

### 餐桌与桌椅的配合

快餐厅餐桌与桌椅一般是配套的，但若是分开选购，需要注意保持一定的人体工程学距离（椅面到桌面的距离以 30 厘米左右为宜），过高或过低都会影响正常食用姿势，引起胃部不适或消化不良。

# 传统快餐厅软装搭配实例

↑ 几何形的钨丝灯把空间点缀得更为温暖

↑ 靠墙布置的卡座区可以最大限度地使用空间，符合快餐厅的要求

↑墙面的红色彩绘把快餐厅的时尚气氛调动起来

↑这里紧邻中庭区域，可以俯瞰一层景色，同时将草莽英雄骑马的飒爽英姿刻画在墙面的实木上，栩栩如生，同时又非常有意境，令顾客仿佛置身于江湖酒馆中尽情豪饮一般

↑草编的隔断与百叶帘衬托出面馆的古朴味道

↑全实木的设计展现出未经雕琢之美

**现代快餐厅软装搭配实例**

↑黄白相间的座椅装点出就餐的愉快心情，
同时让心灵绽放出一丝纯洁与宁静

↑金黄色的麦穗起伏多变，令人仿佛站于田间，
麦浪随风摇曳，伴随着清新的泥土香，沁人心脾

↑自然木色与淡雅的白色、蓝色结合，令人心情舒畅

↑橡木打造的开窗造型隔断，令人仿佛感到清风拂面，舒畅的心情油然而生

←收银区靠近门口，是客人进门后对整个餐厅的第一印象。为了扩大视觉的延伸度，设计师把收银台后面的设备区用玻璃作为隔挡，同时也使不锈钢装饰成为天然的背景墙

↑星星点点的圆形灯具是餐厅的点睛之笔，令空间颇具童话味道

↑沙发区采用不规则的柜子作为背景，上面可以摆放各类工艺品，丰富了空间的层次。同时保留一块区域作为挂画区，没有整体设置成柜体，意在令空间更为多变、灵活

# 茶楼的软装设计

茶楼并不单单是饮用茶水的地方，茶楼的设计风格在古老的传统和最前卫、最现代的形象之间摇摆。对茶楼进行必要的装饰，有助于营造温馨的感觉，使生意更兴隆。但茶楼、咖啡厅的装饰应该以简约为主，不宜使用反光强的材料或者雕刻复杂的图形，否则会给人浮躁的感觉。

## 茶楼的软装设计原则

### 气氛的营造

一般来说，顾客进茶楼是为了打发时光，希望得到放松，享受片刻的惬意。在这里，每个人都喜欢买一杯茶，自由地去思考和谈论。因此，茶楼气氛的营造就显得尤为重要。气氛营造的一个关键性因素，就是音乐，应该选择轻松的音乐（比如传统音乐）为背景音乐，千万不要声音太大，既能给人轻松的感觉，又不至于影响顾客谈话。

### 灯饰设计

灯饰的颜色、形状与空间的搭配，可以营造出和谐氛围。吊灯选用引人注目的款式，可对整体环境产生很大的影响。同样，空间的多种灯具应该保持色彩协调或款式接近，如木墙、木柜、木顶的茶楼适合装长方形木制灯，配有铁制品的茶楼适合钨丝灯或铁艺吊灯。

### 包间设计

在中式茶楼的包间里，仿明清式的红木桌椅是必不可少的，再布置上素雅的书法条幅、意境悠远的山水国画、情景怡人的绿色盆栽，还有古色古香的紫砂陶瓷，立即营造出一种温婉和谐的盎然情趣。窗户是中式风格中营造意境的独特手笔，透过造型独特的窗，同室外山水环境相依相成，韵味意境应运而生，浑然天成。

## 茶楼软装搭配实例

→古雅、幽静的水墨画与实木家具，为品茶者营造一方禅意风韵

↓到顶的木质展示柜提升了空间的高度感

↑ 富有艺术创意的墙体、吊顶造型，为古朴的家具创造出肃然清新的感觉

↑ 中式的圈椅与典雅的中式仿古灯是中式茶楼的最美装饰

↑ 通过彰显岁月宁静的红木家具和具有艺术美感的中式纹样浮雕，使古典中式装修茶楼会所氤氲在静谧的古朴奢华之中

↑实木根雕、陶瓷与水景、绿植相互映衬，为品茶者营造一方禅意风韵

↑茶楼顶部的仙鹤在细节处打造出唯美清幽、茗香四溢的儒韵空间

↑大地色的陶瓷罐子与地面的瓷砖形成明度和质感的强烈对比，凸显出茶楼的典雅气质

←在悠扬的琴声中品
茗，古雅之气宛如一
缕清风，悠扬地在茶
室空间飘荡

↓青砖与实木结合的
展示架把茶楼的古韵
自然之美展现出来

# 4

Section

## 商业空间的软装设计

专卖店面积比较小，销售物品主体更为明确，在设计上更为个性化，除了在视觉上要求整洁、美观以外，还要能够很好地传达给顾客相关的销售信息，最大限度地使顾客的购买欲望转化成购买行为。一个好的主题会成为专卖店装饰设计的灵魂，因此所有的设计要素，无论是陈列的方式、色彩的运用、店面的空间划分，还是装饰品的选择，都需要围绕主题展开。

## 专卖店的软装设计

专卖店的室内软装饰部分可以大致分为几个区域，分别为橱窗区、商品陈列区、走动通道、接待柜台、洽谈 / 休息区以及试衣区。软装的组成包括了灯光、展架、吧台、镜子以及其他小的装饰部分。

### 橱窗陈列

橱窗、服装、模特、道具以及背景广告的组合和摆放，能够起到吸引顾客进店、激发购买欲望的目的。另一方面，橱窗还承担着传播品牌文化的作用。由于橱窗所承担的双重任务，因此针对不同品牌定位、季节以及营销目标，橱窗的设计风格也各不相同。橱窗设计重点在于强调销售信息，采用比较直接的传播方式，除了在橱窗中陈列产品外，还可以放置一些带有促销信息的海报，追求立竿见影的效应。

作为橱窗陈列的重点——模特陈列，要做到以下两点：

① 搭配和谐化。模特与模特之间的风格和谐。不论是服装还是珠宝、手表，模特展示物品之间的和谐能够很好地让顾客在店外了解到品牌定位以及主推产品。

② 色彩整体化。同一色系的橱窗产品组合给人强大的视觉冲击力，从而能有效地提高进店率。色彩整体化还包括橱窗内的其他布置，如饰品、广告画等。

### 内部陈列

如果说橱窗的陈列主要是起到提升顾客进店率的作用，那么内部的陈列主要起到提升购买欲望、影响顾客行走路线以及提升试穿率和购买率的效果。专卖店的主要目的是销售物品，因此陈列的思路和步骤就是迎合顾客产生购买欲望并达到销售的目的。色彩是最为引人注意的，色彩的划分包含了以下几个方面：

① 整体色系区域划分。顾客首先是通过漂亮的橱窗和门头选择进店的。进店以后，他们首先看到的是店铺整体的陈列效果。把店铺整体色系区域划分好，可以更为清晰明确。

② 每个色系区域的色彩组合。应当根据店铺布局，把色系分区以后，再确定每一个色系区域里由哪几个颜色组成。

### 物品陈列

专卖店中最为重要的陈设品是所销售的物品，物品陈列的方式可以促进销量。总的来说，促进商品销量的陈列方式有以下几种：

① 科学分类法。所谓科学分类就是按照某种理性逻辑来分类的方法，如按年龄顺序排放，或者按季节摆放。

② 经常变换法。专卖店大多数经营的是时尚商品，根据流行趋势，店的面貌也应随之改变。如果商品没有太大的变化，则可以在陈列、摆设、装饰上做一些改变，同样可以使店铺换一副新面孔。

③ 装饰映衬法。在店内做一些装饰衬托，可以强化产品的艺术主题，给顾客留

下深刻的印象,如童装店的墙壁上画一些童趣图案,在情侣装附近摆上一束鲜花等。

### 家具陈列

除了商品外,专卖店中另一个重要的装饰部分就是家具。家具陈列有两个风格: 金属材质家具以及玻璃材质的家具风格较稳重;白色原木或塑料家具常采用圆滑的造型设计,流行感强。家具包含陈列区的货架以及洽谈/休息区的座椅两部分:

① 货架展示。用货架陈列商品的目的是要把商品布置得井井有条,把商品信息最快地传递给顾客,激发并加强购买的决心。货架包含柜式货架、橱式货架、箱式货架以及吊杆货架等。由货架构织成的通道,决定着顾客的流向,应为经营内容的变更而保留一定的灵活余地,以便随需要调整货架布置的形式。一般不宜采用刺激性的色彩,以免喧宾夺主。要考虑商品陈列架与商品之间的色彩关系,如色彩鲜艳的商品,货架的色彩要为灰色;浅色的商品,货架颜色宜深。

② 休息场所。休息/洽谈区的主要组成部分是座椅,可以是沙发也可以是休闲椅,搭配圆几以及一些类似花艺之类的小装饰,可以为客人提供一个歇脚的场所,是人性化销售的体现。

### 灯光设计

灯光也是代表专卖店品位的装饰设计部分。人都喜欢明亮的场所,灯光照明是店铺形象塑造的重要因素,如果比两边的店明亮,那么行人在距离 20~50 米处就能一眼发现差别。同时,恰当的照明设计能凸显出商品的特点,精美的灯饰能提升空间的整体品位。花艺及绿色植物可以弥补缺点,打造出有一定氛围的环境。如果种植条件允许,可以用盆栽或者人造植物来创造氛围。

↑橱窗的陈设设计成功与否是吸引顾客进店的关键因素。鲜艳的色彩或者系列摆放的商品更具视觉冲击力

←洽谈区 / 休息区的设计可以体现专卖店的整体品位，搭配一些具有特点的商品、一组舒适的沙发以及具有特点的收纳柜组合非常简单，但不同的组合却有不同的韵味。绿色植物是不可缺少的元素

# 商场的软装设计

商场装饰设计的成功与否取决于是否能够将最多的商品在最多的购物者面前展示最长时间，换句话说，也就是将商品放在人们的行进路线上和视线范围内，最大限度地激发人们购买商品欲望的设计便是好的设计。商场里的软装饰设计主要分为几个区域：橱窗设计、灯光设计、销售区柜台设计以及导视系统的设计。

### 橱窗设计

人们对一个商场的第一印象来源于橱窗的装饰设计，通过橱窗的设计可以了解商品的基本品质、款式及类型。橱窗包含了外橱窗和内橱窗两部分，外橱窗指商场外立面中的橱窗，内橱窗则是各个商家的橱窗。橱窗的设计包含了灯光以及展示两个部分，展示部分的颜色搭配、物品选择是非常重要的。

### 灯光设计

商场室内照明的关键在于处理好通道与店面之间的关系。通常来说，店面内灯光的照明度要比通道高，同时通道内灯光的照明不能对店面的光照产生不良的影响。通道上公共区域和公共照明的光带应是大灯，应该考虑人性化。不同商家摊位内部则为局部照明，灯具可采用射灯重点照明，此时应强调用电安全和用电管理。由于灯光工程造价较高，电费成为市场的较大固定成本支出，因此采用照明设备必须考虑稳定可靠的节能灯具。

### 销售区柜台设计

在进行柜台布置时，要合理地组织好交通的路线，保证交通路线的合理化。现行的商场摊位主要是柜台式、隔断式或房间式。柜台式是最传统的一种，连排的柜台不能太长，中间要有隔断。柜台的长宽一般是 1.2 米 ×0.6 米，不超过长 1.5 米，宽 1 米，高 1.2 米。柜台还要考虑后边的货架，货架视经营产品的不同区别很大。如经营通讯产品，因其展示性很强，因而要有灯箱和背板。一个柜台含货架面积应在 3.5 平方米左右。也有柜台属于强展示性的，如采用艺术"流线型"设计来营造气氛，凸显其风格。隔断墙的设计有很多种，比较方便的是以方钢为轻钢龙骨，墙面用防火板或彩钢板、石膏板、槽板材料等。

### 导视系统设计

对于初次进入商场购物的顾客来说，导视系统是很重要的。导视系统要体现经营风格及人性化，同时还要营造气氛。可以在电视屏、导视牌、电动扶梯两侧广告牌、墙面留白处、地面、吊顶、商铺门楣或区域色彩划分等地方使用。导视系统可以采用比较醒目的颜色，各种导视装饰能够营造和丰富购物气氛，使项目标识明确，这在平时是感觉不出来的，但在关键时刻，如产生突发事件等情况下，效果才能突显。

商场的内橱窗包含了带有玻璃的和不含有玻璃的两种：玻璃橱窗因为有一层阻隔，直观感有所下降，因此，可以利用背景以及装饰的色彩差来吸引人的视线；不含玻璃的更加直观，可以充分利用模特身上的色彩以及摆设组合来吸引顾客

通常商场中庭都比较高，可以利用这一部分，悬挂一些装饰以及灯饰，使位于各个楼层的顾客都能够看到，能够烘托喧闹的、活跃的气氛，在节日的时候，还可以悬挂一些具有节日氛围的装饰，是商场里比较重要的装饰区域

INTERIOR
DECORATION
DESIGN
HANDBOOK